FOOD PROCESSING
PRESERVATION

쉽게 풀어 쓴

식품가공저장학

FOOD PROCESSING PRESERVATION

쉽게 풀어 쓴
식품가공저장학

이경애 · 김미정 · 윤혜현 · 황자영 지음

교문사

머리말

식품산업은 전 세계적으로 기대한 시장 규모를 형성하고 있는 미래 유망 산업이다. 국내에서 소비되는 식품의 대부분은 가공식품과 외식 형태이며 소비자의 식품 소비 수요 다양화, 인구 구조 및 라이프사이클의 변화에 따라 식품산업은 급성장하고 있다. 아울러 각 나라에서 생산되는 가공식품이 국내로 유입됨에 따라 다양한 가공식품을 접하게 되었고 우리의 식생활에도 여러 가지 변화를 가져왔다. 건강과 장수에 대한 높은 관심, 노인인구나 싱글족의 증가 등은 고품질의 가공식품, 고부가가치 맞춤형식품, 고급화된 편의식품을 요구하고 있으며 이러한 시대적 흐름에 신속하게 대응하기 위해서는 새로운 식품가공기술의 지속적인 개발과 도입이 필요한 실정이다.

우리가 구입한 가공식품은 어떻게 가공 처리된 것인지, 그리고 구입한 가공식품은 어떻게 보관하고 사용해야 안전한지 등에 관한 바른 지식과 정보를 습득하고 그 원리를 이해하여 올바르게 활용하는 것은 식품의 위생적 안전성 확보에 매우 중요하다.

이 책은 식품가공 저장의 필요성, 식품가공과 저장에 영향을 주는 인자, 가공 및 저장의 기초 공정, 식품의 품질 변화를 최소화할 수 있는 가공·저장 기술의 원리와 적용, 마지막으로 식품별 식품가공 등을 다루어 식품 가공과 저장에 대한 이해를 돕고자 하였다. 이 책이 식품가공저장 분야를 공부하는 학생과 일반인들에게 좋은 지침서가 되길 소망하며, 아울러 가공식품의 개발과 연구에 필요한 기본지식을 제공할 수 있을 것으로 기대한다.

식품 가공 및 저장과 관련된 전공 강의를 하고 있는 교수들이 집필에 참여하여 식품가공저장에 관한 새로운 정보와 최신 연구 동향 등을 빠짐없이 다루고자 노력하였다. 저자들은 식품 가공 및 저장을 쉽고 잘 이해될 수 있도록 설명하기 위해 많은 노력을 기울였지만 여러모로 부족함이 많아 앞으로 계속 새로운 지식과 정보를 수록하여 식품가공저장 분야에 관심이 있는 분들에게 유익한 교재가 되도록 노력할 계획이다.

끝으로 부족한 원고를 책으로 출간되기까지 힘써 주신 교문사의 류제동 사장님과 편집부의 모든 분들에게 감사드린다.

2015년 9월
저자 일동

차례

CHAPTER / 11

기능성식품, 조미료와 향신료

CHAPTER / 12

식품의 포장

CHAPTER / 01

식품가공 및 저장의 기초

식품가공 및 저장의 기초

1. 식품가공의 정의

식품은 인간이 생명유지를 위해 필요로 하는 영양소와 감각적인 기능을 만족시키고 더욱더 건강하며 장수할 수 있도록 생리활성의 기능을 가진 물질을 말한다. 즉, 식품이란 어느 정도의 조리와 가공을 거쳐서 먹을 수 있는 조건을 가진 것을 의미하며 식품으로서 섭취할 수 있는 조건을 가지고 있지만 조리 및 가공되지 않은 것은 식품재료 또는 식료품이라고 한다. 우리나라에서의 식품의 정의는 식품위생법 제1장 총칙에서 식품이란 '의약으로 섭취하는 것을 제외한 모든 음식물을 말한다.'고 규정하고 있다. 그러나 국제연합식량농업기구(FAO)와 세계보건기구(WHO)에서는 '인간이 섭취할 수 있도록 완전가공 또는 일부 가공한 것 또는 가공하지 않아도 먹을 수 있는 모든 것'으로 규정하고 있다.

일반적으로 식품가공이라 함은 식품재료를 물리·화학적 또는 생물학적인 변화를 주어 저장성을 부여하거나 영양가나 기호도, 편의성, 수송성 등을 향상시키기 위하여 식품을 가공·제조하는 것을 말한다.

우리나라의 '식품의 기준 및 규격'에서 정한 가공식품이라 함은 농·임·축·수산물 등 식품원료에 식품첨가물을 가하거나, 그 원형을 알아볼 수 없도록 분쇄·절단 등의 방법으로 변형시킨 것 또는 이와 같이 변형시킨 것을 서로 혼합하거나 서로 혼합한 것에 다른 식품이나 식품첨가물을 사용하여 제조, 가공, 포장한 식품을 말한다.

식품가공학을 영어로 'Food processing', 'Food technology', 'Food manufacture'라고 하는데 이들은 약간씩 다른 의미를 가지고 있다. 'Food processing'은 식품의 제조과정을 수치라는 공학적인 개념으로 설명하고 단위조작을 주 공정이론으로 응용하는 공학적인 의미를 가지고 있다. 'Food technology'는 비공학적인 개념에서 가공공정을 설명할 때 주로 사용한다. 'Food manufacture'는 일반적이고 광범위한 개념으로 넓은 의미의 식품제조의 뜻으로 가공공정의 순서를 중시하며 최종품질의 생산을 목표로 하는 산업체에서 통용되는 용어이다.

식품의 저장은 식품의 원재료를 그대로 또는 적절히 가공한 상태로 보존하여 식품의 변질과 부패를 막는 것이다. 따라서 식품의 가공과 저장은 서로 전환될 수 있다.

2. 식품가공의 목적

식품의 가공은 각종 식량자원, 식품소재, 식품재료를 사용하여 업무용 또는 가정에서 조리를 목적으로 그대로 식용에 공급되는 것을 만드는 것이다. 따라서 식품가공은 조리적인 것과 공장 규모적 처리공정을 모두 포함한다.

식품을 가공함으로써 다음과 같은 효과를 기대할 수 있다.

① 소화흡수가 용이해져 영양가치를 높인다.
② 식품의 부재료는 가공을 통해 새로운 자원으로 이용된다.
③ 적당한 가공처리로 저장성, 운반성, 유통성이 향상된다.
④ 원재료의 맛뿐만 아니라 새로운 맛이 생겨 기호성을 높인다.
⑤ 식품재료의 가공과정은 미생물과 효소의 작용을 조절하기 때문에 위생적 안전을 보장받을 수 있다.

따라서 식품의 가공과 저장의 목적은 식품에 저장성, 영양가치, 기호성, 편의성, 수송성

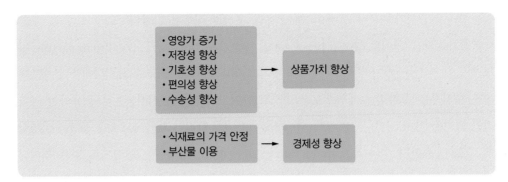

그림 1-1　가공의 효과

등을 향상시켜 상품가치를 높이고 여러 가지 식품재료들의 가격 안정과 부산물의 이용으로 경제성 향상을 얻도록 하는 것이다(그림 1-1).

3. 식품가공·저장의 분류

식품의 가공과 저장은 여러 가지 관점에서 분류할 수 있는데 식품가공은 재료에 따라 크게 동물성 가공식품과 식물성 가공식품으로 분류할 수 있다.

1) 주재료에 따른 분류

주재료에 따라 농산식품가공, 축산식품가공, 수산식품가공으로 분류할 수 있다. 이들을 세분하여 분류하면 그림 1-2와 같다.

2) 제품의 성질에 따른 분류

제품의 성질에 따라 분류하면 그림 1-3과 같이 분류할 수 있다.

3) 가공 정도에 따른 분류

가공 정도에 따른 분류로 1차, 2차, 3차, 4차 가공식품이 있다(표 1-1).

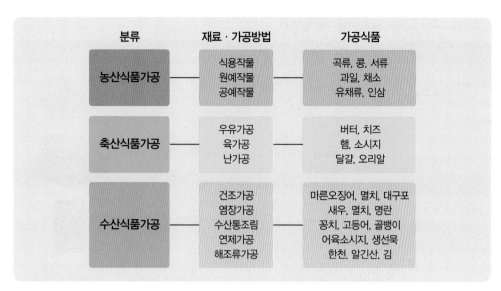

그림 1-2 재료에 따른 식품가공의 분류

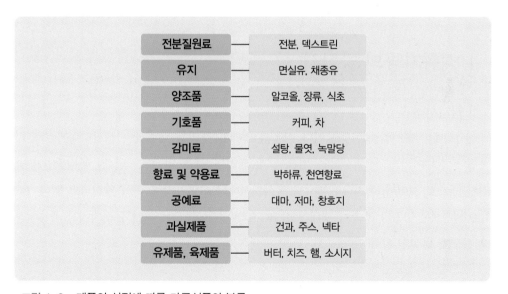

그림 1-3 제품의 성질에 따른 가공식품의 분류

표 1-1 **가공 정도에 따른 가공식품의 분류**

가공 정도	특징	
1차 가공식품	재료를 골라 세척하고 잘라 포장하여 상품으로서의 가치를 가진 것	
2차 가공식품	1차 가공식품을 다시 자르고 양념을 버무리고 발효 등의 과정을 거친 것	
3차 가공식품	2차 가공품을 용기에 담아 통조림이나 병조림의 과정을 거친 것	
4차 가공식품	통조림이나 병조림식품을 다른 육류 등의 식품과 혼합하여 레토르트 식품 등으로 만든 것	

4. 식품가공의 발달사

1) 원시시대

선사시대의 원시인들은 동물이나 식물의 열매와 뿌리를 채취하여 생활하다가 우연히 불을 발견하여 식물을 저장하는 법을 알게 되었다. 불은 약 40만 년 전 북경원인이 발견한 것으로 보이며, 우리나라에서도 구석기시대의 화덕자리나 숯이 발견되고 있다. BC 7000년경에는 농경과 목축이 행해졌고, BC 5000년경에는 지중해안 유적지에서 곡물저장용 창고가 발굴된 일이 있다.

2) 역사시대에서 근대까지

건조, 굽기, 찌기, 훈제, 염장, 발효법 등의 식품저장법은 선사시대부터 역사시대 초기까지 이미 그 원형이 존재하였으며, 특히 천일건조, 훈연, 염장은 19세기 전반까지 중요한 위치를 차지하였다. 역사시대 초기에서 19세기 전반까지의 저장기술은 선사시대의 기술을 이어받았고, 한대·아한대·온대 기후 등 각지의 기후나 풍토, 유통사정의 영향을 받아 서로 다르게 발전하였다. 지역에 따라 수확되는 식재료와 미생물의 분포가 다르므로 발효식품의 종류와 양상도 달라 각 지방의 주요 식량과 결합하여 각양각색의 특색 있는 식생활의 형태를 만들어냈다.

3) 19세기 이후

19세기 후반에 이르러 통조림, 인공건조, 냉동기술이 개발되어 가공기술이 혁명적으로 발전하게 되었다.

통조림은 프랑스인 니콜라스 아페르가 1804년에 고안하였다. 그의 통조림법은 계속 개량되어 1810년에는 주석을 이용한 통조림 제조가 이루어졌고, 1874년에는 살균 솥의 발명으로 대량생산이 가능해졌다.

1600년에 초보적인 열풍건조기에 의해 열풍건조법이 고안되었지만, 현재와 같은 기술적인 기초가 확립된 것은 1880년대였다. 1875년 독일의 린데는 암모니아에 의한 효능 좋은 가스압축식 냉동기를 발명하여 획기적인 식품가공 및 저장기술이 생기게 되었다. 이와 같은 저장기술의 진보로 자연조건에 지배받지 않고, 대규모로 식품을 가공 저장하는 일이 가능해져 생산과 소비의 근대화가 이루어졌다.

4) 현대

20세기에 들어와서 냉동기술은 과거의 완만냉동에서 급속냉동으로 발전하였고, 해동기술 면에서도 급속한 발전을 이룩하였다. 1929년 냉동 사상 대표적인 급속동결 장치인 다단접촉식 동결장치가 미국의 버즈아이에 의해 고안되었다. 이로 인해 포장동결방식이 발전하였다. 한편 해동법에 있어서도 여러 가지 방법이 비교 검토되었다.

동결건조는 19세기말에 알토만에 의해 고안된 것으로 피건조물을 진공에 가까운 상태로 건조시키는 원리를 근거로 하여 1950년대 개발되기 시작하여, 1960년대 이후에 기업화의 시대로 들어섰다. 1922년 영국의 킷드에 의해 가스저장의 연구가 시작되면서 1965년 미국에서는 1,300만 개 상자의 사과에 기체조절(C.A.)저장을 실시하였다.

석유화학의 발달로 플라스틱 필름을 식품포장재로 이용하게 되었고, 1933년 파우세트

표 1-2 근현대의 식품가공과 저장의 역사

연도	역사
1804	통조림 고안(프랑스 아페르)
1810	주석을 이용한 통조림 제조
1874	살균 솥 발명
1880년대	열풍건조법의 기술적인 기초 확립
1875	가스압축식 냉동기 발명(독일 린데)
1929	다단접촉식 동결장치 고안(미국 버즈아이)
19세기말	동결건조 고안(알토만)
1950년대	동결건조 개발
1960년대	동결건조 기업화
1922	가스저장 연구 시작
1965	C.A.저장 실시(미국)
1933	폴리에틸렌필름 발명(파우세트), 셀로판필름 발명(크로스)
1954	방사선연구 시작

는 폴리에틸렌 필름을 발명하고, 크로스는 셀로판 필름을 발명하여 식품저장 발전에 기여하였다(표 1-2).

1954년 미국에서 식품의 방사선처리 연구가 대규모로 개시된 이래 많은 연구가 진행되고 있다. 당시 이 방법은 냉살균이라 하여 열살균보다도 이상적인 것으로 믿어 다소 큰 기대를 하였으나, 실제 유기방사능 발암물질의 생성 여부 외에 몇 가지 문제점이 해결되지 못한 채 남아 있다. 현재와 미래 식품의 가치는 크게 간편성과 건강성, 특수성을 목표로 가공되는데, 즉석면, 햄버거, 냉동만두 등은 간편성을, 유기농식품, 기능성물질 첨가제품 등은 건강을 고려한 식품의 예이며, 환자식, 노인식, 우주식 등은 특정 대상을 위해 만들어진 식품이다(그림 1-4). 앞으로 식품가공의 발달 추이는 식량자원의 개발과 전통식품의 가공화, 가공원료의 합성과 천연물질을 이용한 기능성식품의 개발, 포장식품의 다양화, 간편식품 및 특수식품의 개발에 역점이 주어질 것으로 예상된다.

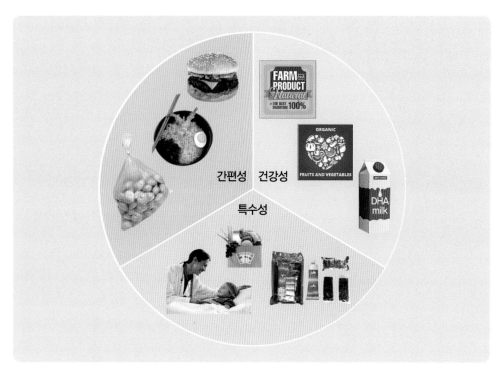

간편성　건강성

특수성

그림 1-4　현재와 미래 식품의 가치와 종류

CHAPTER / 02

식품가공 및 저장에 영향을 주는 인자

식품가공 및 저장에 영향을 주는 인자

수분, 미생물, 효소, 산소, pH 등은 식품을 가공, 저장하는 과정에서 다양한 변화에 영향을 준다. 식품의 가공, 저장 시 일어나는 일부 바람직하지 못한 변화는 품질 저하의 원인이 되므로 이들의 특성을 잘 이해하고 올바르게 활용하면 식품의 변질을 막고 저장수명을 연장할 수 있다.

1. 수분

1) 자유수와 결합수

식품 중에 존재하는 물은 자유롭게 움직이는 자유수와 식품 성분인 탄수화물, 단백질 등에 단단히 결합하여 움직임이 자유롭지 못한 결합수로 나누어진다(표 2-1). 자유수는 대기압 하에서 100℃ 이상 가열하거나 건조시키면 쉽게 제거되고, 0℃ 이하에서 동결하며 염류·당류 등을 녹이는 용매로 작용하는 일반적인 물이다. 결합수는 자유수보다 밀도가 높고 수증기압이 정상적인 물보다 낮아서 대기압 하에서 100℃ 이상 가열하거나 건조해도 제거되지 않는다. 또한 당류 등을 용해시키는 용매로 작용할 수 없으며, 미생물의 증식이나 효소작용에 이용될 수 없다.

표 2-1 **자유수와 결합수의 성질**

성질	성질
자유수	• 용매로 작용할 수 있다. • 미생물의 생육에 이용된다. • 효소작용에 이용된다. • 대기압 하에서 0℃ 이하에서 어는 물이다. • 대기업 하에서 100℃ 이상 가열하거나 건조하면 쉽게 제거된다.
결합수	• 용매로 작용할 수 없다. • 미생물의 생육에 이용될 수 없다. • 효소작용에 이용될 수 없다. • 대기압 하에서 0℃이하에서 얼지 않는 물이다. • 대기업 하에서 100℃ 이상 가열하거나 건조해도 제거되지 않는다. • 밀도가 높고 중기압이 낮다.

2) 수분활성

식품에 존재하는 물의 상태는 미생물의 생육, 효소활성, 화학반응 속도 등에 영향을 주므로 식품의 안정성은 수분함량보다는 수분활성(Aw)의 영향을 받는다. 수분활성이 클수록 효소반응과 화학반응이 잘 일어나고, 미생물 생육에 잘 이용되므로 수분활성이 높은 식품은 수분활성이 낮은 식품에 비해 쉽게 변질된다. 수분활성은 일정한 온도에서 식품이 나타내는 수증기압(P)과 순수한 물의 수증기압(P_0)의 비로 나타내며, 식품 중 물에 용해된 용질의 종류와 양에 따라 다른 값을 나타낸다.

표 2-2 **식품의 수분활성**

식품	수분활성
과일, 채소	0.98~0.99
어류	0.98~0.99
육류	0.96~0.98
달걀	0.96~0.98
치즈	0.95~0.96
햄, 소시지	0.90~0.92
잼	0.82~0.94
건조과일	0.72~0.80
쌀, 두류	0.60~0.64
과자	0.25~0.26

$$수분활성(Aw) = \frac{식품\ 중\ 물의\ 수증기압(P)}{순수한\ 물의\ 수증기압(P_0)}$$

식품 중에 존재하는 물은 순수한 물보다 수증기압이 낮으므로 식품의 수분활성은 1보다 작은 값을 나타내며, 같은 종류의 식품은 조성이 크게 다르지 않는 한 비슷한 수분활성을 보인다. 어패류, 과일, 채소와 같이 수분이 많은 식품은 0.98~0.99이고, 곡류와 같이 수분이 적은 건조식품은 0.60~0.64 정도이다(표 2-2).

(1) 등온흡습곡선

등온흡습곡선은 식품의 수분함량과 수분활성과의 관계를 나타낸 곡선이며 역 S자 모양을 나타낸다(그림 2-1). 등온흡습곡선은 기울기가 다른 세 영역으로 나눌 수 있는데, 각 영역의 물은 매우 다른 특성을 보인다. A영역에서 식품 중의 수분은 단분자층을 형성한다. B영역에서는 히드록실기, 아미드기와 결합하여 수분이 다분자층 물을 형성하며 거의 용매 작용을 할 수 없다. C영역의 물은 약하게 결합되어 있어 자유롭게 이동할 수 있고 용매로 작용할 수 있는 물로서 여러 화학반응, 효소반응을 촉진하고 미생물 생육 및 증식에 이용될 수 있다. 식품 중 수분의 95% 이상이 C영역의 물이다.

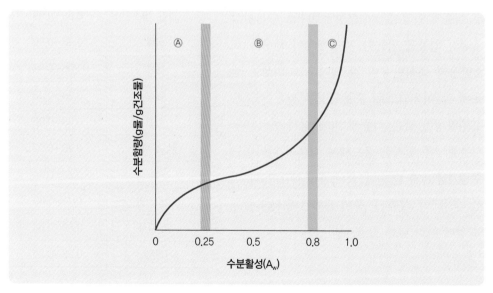

그림 2-1 등온흡습곡선

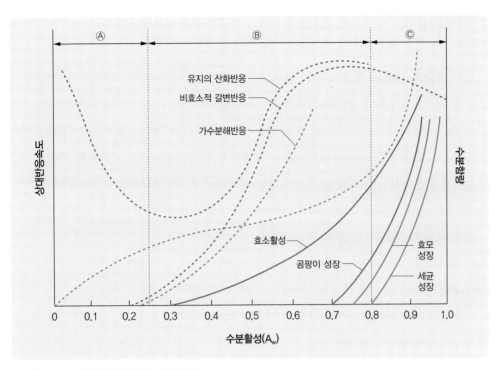

그림 2-2 수분활성과 각종 반응속도

(2) 수분활성과 식품의 안정성

식품의 수분활성은 미생물의 생육, 효소반응, 유지의 산화반응, 비효소적 갈변반응, 가수분해 반응 등의 속도에 영향을 준다. 그림 2-2에 각종 반응속도와 수분활성과의 관계를 나타내었다. 대부분의 효소작용은 단분자층에서는 거의 정지되나, 리파제는 수분활성 0.1~0.3 범위에서도 활성을 보인다. 비효소적 갈변반응은 수분활성 0.6~0.7 범위에서 가장 잘 일어나며 수분활성이 이보다 높거나 낮으면 반응속도가 낮아진다. 유지의 산화반응은 다른 화학반응과 다른 특성을 보인다. 즉, 단분자층인 수분활성 0.2~0.3 범위에서 반응속도가 가장 낮고 수분활성이 가장 낮을 때 가장 큰 반응속도를 보인다.

2. 미생물

1) 미생물의 생육곡선

생육곡선은 미생물의 증식과 사멸을 잘 나타내는 곡선이다(그림 2-3). 미생물의 증식속도는 초기에는 매우 느리지만 유도기를 지나면 미생물 수가 기하급수적으로 급격히 증가되고, 이후 생균 수는 일정한 수준을 유지하다가 감소되는데 이는 미생물의 사멸속도가 증가되기 때문이다.

2) 미생물의 생육에 영향을 주는 요인

(1) 수분

수분활성은 미생물 생육에 영향을 주어 세균은 수분활성 0.9~0.86 이하에서, 대부분의 효모는 0.78 이하에서 생육할 수 없다. 곰팡이는 세균이나 효모에 비해 건조한 조건인 수분활성 0.7~0.75 범위에서 잘 자라며 내건성 곰팡이는 0.65에서도 생육할 수 있다(그림 2-4).

(2) 온도

미생물은 생육 가능 온도에 따라 고온균, 중온균, 저온균으로 나누어진다(표 2-3). 대부분의 미생물은 10~50℃에서 잘 자라는 중온균에 속한다. 저온균은 0℃ 정도에서, 고온균

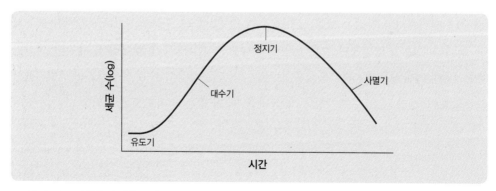

그림 2-3 미생물의 생육곡선

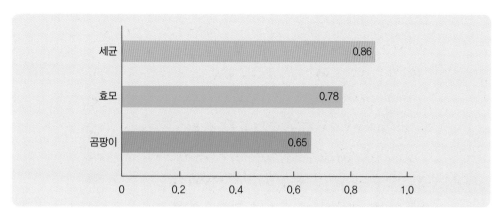

그림 2-4　미생물의 생육과 수분활성

은 60~70℃ 정도에서도 잘 자란다. 장염 비브리오나 살모넬라균은 열에 약하여 60℃ 정도로 가열하면 쉽게 파괴된다. 통조림 부패균인 클로스트리디움 보툴리넘균의 포자나 포도상균은 내열성이 크지만 클로스트리디움 보툴리넘균이 생산하는 독소는 열에 약하다.

(3) pH

각 미생물은 일정한 pH 범위에서 생육할 수 있으며 최적 pH에서 가장 잘 자란다(그림 2-5). 대부분의 세균은 pH 4~8 정도에서 잘 자라며 대부분은 pH 4 이하가 되면 생육하지 못하지만 젖산균, 초산균과 같은 일부 세균은 pH 3.5 정도에서도 잘 자란다. 따라서

표 2-3　**미생물의 생육온도**

미생물	생육온도(℃)			예
	최저	최적	최고	
저온균	-10~5	10~20	20~40	냉장 생선이나 우유의 부패균, 수생균, 일부 곰팡이 등
중온균	5~10	25~40	40~50	곰팡이, 효모, 일반 세균, 대부분의 병원균
고온균	40~45	55~75	60~80	바실러스 속, 클로스트리디움 속의 일부 등

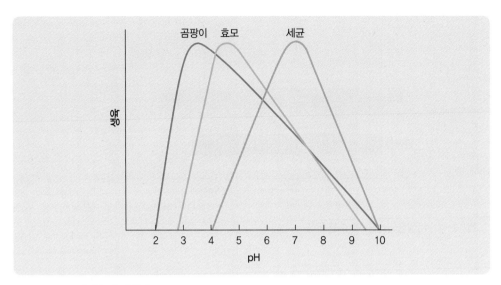

그림 2-5 미생물의 생육과 pH

pH를 낮추어 미생물의 생육을 억제하면 저장기간을 연장할 수 있다. 마늘장아찌, 오이피클 등은 pH를 조절하여 저장성을 부여한 대표적 식품이다. 곰팡이와 효모는 세균보다 낮은 pH에서 잘 자라며 과일과 채소에 곰팡이가 잘 증식하는 것은 이들의 pH가 낮기 때문이다.

(4) 산소

미생물은 산소요구에 따라 호기성균, 통성혐기성균, 혐기성균(편성혐기성균)으로 나누어진다(표 2-4). 호기성균은 산소가 있어야 잘 자라는 미생물로서 곰팡이, 초산균, 고초

표 2-4 **산소요구에 따른 미생물의 분류**

미생물	특성	예
호기성균	산소가 있어야 생육할 수 있음	곰팡이, 초산균, 고초균, 슈도모나스 속 등
통성혐기성균	미생물의 생육이 산소의 영향을 받지 않음	효모, 대부분의 세균(병원균, 대장균, 유산균 등)
(편성)혐기성균	산소가 없어야 생육할 수 있음	클로스트리디움, 낙산균 등

균 등이 대표적이다. 통성혐기성균은 산소의 존재 유무와 관계없이 잘 자라며 대부분의 세균과 효모가 여기에 속한다. 혐기성균은 산소가 없는 조건에서 잘 자라며 클로스트리디움, 낙산균 등이 여기에 속한다.

(5) 광선

가시광선보다 파장이 긴 광선은 살균력이 없지만 4000Å 이하의 자외선은 미생물에 대한 살균력이 강하며, 특히 2650Å 부근의 광선이 가장 큰 살균력을 보인다. X선, γ선도 조사선량에 따라 사멸 또는 변이주를 형성시킨다. 일반적으로 그램 양성균은 그램 음성균보다 방사선에 대한 저항성이 크고, 비포자형성균은 포자형성균에 비해 방사선에 의해 쉽게 사멸된다.

(6) 삼투압

대부분의 미생물은 식품의 삼투압이 높아지면 수분이 밖으로 빠져나가 세포가 파괴되고 수분활성이 낮아져서 사멸하지만 호염성미생물은 반대로 세포 내로 수분이 들어가서 사멸하게 된다(그림 2-6). 식품을 고삼투압 상태로 만들어 미생물의 증식을 억제하는 대표적 저장방법에는 염장과 당장이 있다. 일반적으로 그램 양성균은 그램 음성균보다 삼투압에 대한 저항성이 크며, 비브리오균은 호염세균이므로 염장해도 사멸되지 않는다.

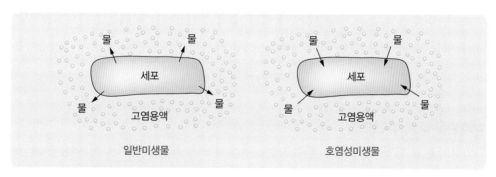

그림 2-6 미생물의 생육과 삼투압

3. 효소

1) 효소 반응에 영향을 주는 요인

(1) 온도

대부분 효소의 최적온도범위는 30~70℃이며 이 온도범위에서 효소의 반응속도는 온도가 높아지면 증가하지만 온도가 지나치게 높으면 효소의 주성분인 단백질이 변성하여 오히려 반응속도가 감소하거나 활성을 잃게 된다. 아스코르브산 산화효소, 폴리페놀 산화효소 및 리폭시게나제 등 대부분 효소는 100℃ 정도에서 활성을 잃게 되므로 과일, 채소 가공 시 본래의 색을 보존하고 비타민 C의 손실을 줄이기 위해 전처리 과정인 데치기를 한다.

(2) pH

효소가 가장 잘 작용하는 최적 pH 범위는 효소의 종류에 따라 다르다. 펩신은 pH 1~2, α-글루코시다제는 pH 7.0, 트립신은 pH 7~8의 최적 pH 범위를 나타낸다. 최적 pH 보다 높거나 낮은 pH에서는 효소의 반응속도가 낮아진다.

(3) 특이성

효소는 특정한 화합물(기질)에만 작용하고, 정해진 반응에만 촉매하는 특이성을 갖는다. 특이성에는 특정한 기질에만 작용하는 기질 특이성, 정해진 입체 구조에만 작용하는 입체 특이성, 정해진 반응만 촉매하는 반응 특이성 등이 있다.

(4) 기질 및 효소의 농도

기질 농도가 일정할 때, 반응속도는 효소 농도에 비례한다. 효소 농도가 일정할 때, 처음에 반응속도는 기질 농도에 비례하지만 효소 농도가 높아지면 포화되어 반응속도는 일정하게 된다.

(5) 촉진제 및 억제제

효소의 작용을 촉진하는 물질을 촉진제라고 한다. 촉진제에는 칼슘, 철, 마그네슘, 아연, 구리, 망간 등이 있다. 폴리페놀 산화효소는 Cu^{2+}이온에 의해 촉진되며, 카복실라제는 Mg^{2+}이온에 의하여 촉진된다. 효소의 작용을 억제하는 물질인 저해제는 가역적 또는 비가역적인 저해반응을 일으킨다. 아비산, 모노요오드초산 등은 강력한 저해제이다.

2) 식품가공에 관계하는 효소

(1) 탄수화물 분해효소

<u>α-아밀라제와 β-아밀라제</u>　α-아밀라제는 발아곡류에 많이 존재하며 전분의 α-1,4 결합을 무작위적으로 가수분해하여 저분자량의 덱스트린을 생성한다. 이 효소는 전분 현탁액을 맑고 묽은 용액으로 변화시키는 액화 효소로서 포도당 제조 시 전분을 액화시킴으로서 당화효소인 글루코아밀라제가 잘 작용할 수 있도록 한다.

β-아밀라제는 서류, 곡류, 두류, 엿기름 등에 널리 분포되어 있으며 전분의 α-1,4 결합을 비환원성 말단에서부터 맥아당의 단위로 가수분해하는 당화효소로 맥아당 제조에 이용된다. 이 외에 제빵, 맥주 제조, 주정에도 이용된다. 엿기름에는 두 종류의 아밀라제가 함유되어 있어 전분을 맥아로 당화한 물엿인 맥아엿 제조에 이용된다.

<u>글루코아밀라제와 풀루란가수분해효소</u>　글루코아밀라제는 주로 곰팡이가 생산하는 효소로 α-1,4 결합과 α-1,6 결합을 가수분해하여 β-포도당을 생산하며 고순도의 결정 포도당 제조에 많이 이용된다. 풀루란가수분해효소는 α-1,6 결합을 가수분해하는 분지 효소로 한계 덱스트린에도 작용한다.

<u>셀룰라제와 펙틴분해효소</u>　셀룰라제는 섬유소의 β-1,4 결합을 가수분해하는 효소로 사과주스, 오렌지주스의 섬유소를 가수분해하여 맑은 주스를 생산하는데 이용된다. 펙틴분해효소는 과일 및 채소의 조직의 연화에 관여하므로 이 효소의 활성이 높은 과일을 사용하여 잼이나 젤리를 만들면 잘 응고되지 않는다. 또한 과즙과 포도주의 청징에 이용되

는데 과육의 펄프가 현탁되도록 하는 과즙에서는 가공, 저장 중에 펙틴분해효소가 작용하지 못하도록 해야 한다.

헤스페리디나제　미숙한 감귤류 껍질에 있는 헤스페리딘은 과즙을 혼탁하게 하는데 헤스페리디나제를 이용하면 헤스페리딘을 가수분해하여 과즙의 혼탁을 막을 수 있다.

(2) 지방질 분해효소

리파제　유지 식품은 가공 저장 중에 리파제에 의한 가수분해로 생성된 저급 유리지방산에 의해 불쾌한 향미를 형성한다. 특히 부티르산과 같은 저급 지방산을 많이 함유한 우유는 리파제에 의한 산패가 잘 일어난다. 한편 치즈나 초콜릿에서는 리파제를 이용하여 향미를 증진시키기도 한다.

> **록훠트 치즈란?**
>
> 대표적인 블루치즈로, 숙성 시 페니실리움 록훠트(Penicillium roqueforti)가 분비하는 리파제에 의해 카프르산, 카프릴산, 카프론산 등이 생성되어 특유의 강한 자극적 향미를 낸다.
>
>

리폭시게나제　지방 산화를 촉진하는 리폭시게나제는 두류, 곡류 등에 널리 존재하여 이들 식품의 이취 생성에 관여하는데 대두 가공 식품 특유의 콩 비린내 생성이 대표적 예이다. 카로틴, 엽록소, 안토시안 등과 같은 색소를 파괴시켜 퇴색시키기도 하는데 이 효소는 가열하면 불활성화되므로 데치기와 같은 전처리 후 가공하도록 한다. 이 효소는 밀가루를 표백하고 제빵성을 향상시키기도 한다. 즉 밀가루에 생대두가루를 넣어주면 대두가루의 리폭시게나제가 카로티노이드 색소를 산화, 표백시키고 일부 -SH를 산화시켜 -S-S- 결합이 형성되므로 제빵성이 좋아진다.

(3) 단백질 분해효소

카텝신　카텝신은 육류 조직에 존재하는 효소로 사후강직된 육류의 육질 연화에 관여한다. 카텝신에는 펩신과 비슷한 기질 특이성을 보이는 카텝신 A, 트립신과 유사한 기질 특이성을 나타내는 카텝신 B 등이 있다.

레 닌 레닌은 우유의 카제인을 부분적으로 가수분해하여 불용성인 파라-κ-카제인을 생성한다. 파라-κ-카제인은 우유 중의 다른 카제인과 함께 응고하여 커드를 형성하는데 이를 이용하면 치즈를 만들 수 있다.

파파인 파파야에 함유되어 있는 파파인은 고기의 연육제, 맥주의 혼탁 제거, 소화제 등으로 이용한다.

(4) 뉴클레오티드가수분해효소

뉴클레오티드가수분해효소(nucleotidase)는 고기 및 생선의 구수한 맛 성분인 5′-IMP, 5′-GMP 와 같은 5′-모노뉴클레오티드를 분해하는 효소이다. 그림 2-7과 같이 5′-IMP는 뉴클레오티드가수분해효소에 의해 이노신으로 분해되고, 이노신은 다시 하이포잔틴으로 분해된다. 5′-IMP는 구수한 맛을 내지만, 분해산물인 이노신과 하이포잔틴은 쓴맛을 낸다. 고기나 생선을 오래 저장하면 구수한 맛이 감소되는 것은 5′-IMP가 분해되기 때문이다.

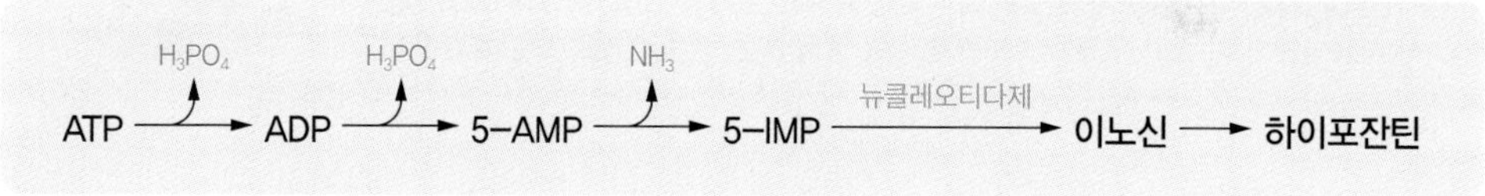

$$ATP \xrightarrow{H_3PO_4} ADP \xrightarrow{H_3PO_4} 5\text{-}AMP \xrightarrow{NH_3} 5\text{-}IMP \xrightarrow{\text{뉴클레오티다제}} 이노신 \longrightarrow 하이포잔틴$$

그림 2-7 5′-IMP의 생성과 뉴클레오티다제에 의한 분해

(5) 향미효소

마늘, 고추냉이(산초)와 같은 식품 특유의 강한 매운맛과 향은 조직을 파괴할 때 효소 작용에 의해 생성되는 휘발성 황화합물 때문이다(그림 2-8).

마늘 마늘을 썰거나 다지면 알린이 알리나제에 의해 강한 향미를 내는 알리신으로 분해된다(그림 2-8). 알리나제의 최적 온도는 37℃이며 50℃ 이상이면 활성을 잃게 되므로 가공, 저장 시 온도에 주의해야 한다.

알린의 분해

$$CH_2=CH-CH_2-SO-CH_2-CH-COOH \xrightarrow{\text{알리나제}} CH_2=CH-CH_2-\overset{\displaystyle O}{\underset{}{S}}-H$$

아래 NH_2 아래 알린

축합 → H_2O

$$CH_2=CH-CH_2-\overset{\displaystyle O}{S}$$
$$CH_2=CH-CH_2-S$$

알리신

시니그린의 분해

$$CH_2=CH-CH_2-\overset{S-C_6H_{11}O_5}{\underset{N-OSO_3K}{C}} + H_2O \xrightarrow{\text{미로시나제}} CH_2=CH-CH_2-NCS-C_6H_{12}O_6 + KHSO_4$$

시니그린　　　　　　　　　　　　　알릴이소티오시아네이트

그림 2-8　알린 및 시니그린의 분해

다진 마늘을 오래 보관하면 불쾌한 냄새가 나는 이유는?

알리신은 마늘의 주된 매운맛 성분으로 불쾌한 냄새는 없지만 매우 불안정하여 강한 냄새를 내는 디알릴디설파이드로 전환되어 마늘 특유의 냄새가 발생하게 된다. 이 물질은 시간이 지나면 다시 저분자 물질로 분해되어 불쾌한 냄새가 강해지므로 마늘은 다진 즉시 사용하는 것이 좋고 오랫동안 보관할 때는 냉장 또는 냉동 상태로 보관해야 한다.

고추냉이　고추냉이의 근경을 마쇄하면 시니그린이 미로시나제에 의해 분해되어 매운 향미성분인 알릴이소티오시아네이트를 생성한다(그림 2-8, 그림 2-9). 분말 형태의 고추냉이는 저장 중에 효소반응이 일어나지 않도록 온도와 수분함량을 잘 조절해야 한다. 수분함량이 1% 이하인 것은 오랫동안 저장할 수 있으나 5% 정도 되는 것은 2~3개월 저장하면 물을 넣고 페이스트 상태로 만들어도 매운맛이 나지 않는다.

그림 2-9　고추냉이

(6) 폴리페놀 산화효소

폴리페놀 산화효소에 의한 갈변은 과일과 채소에서 흔하게 일어난다. 이 효소에 의한 갈변은 과일과 채소의 품질을 저하시키는 주된 요인이지만 우롱차나 홍차를 제조할 때는 의도적으로 이 반응을 일으켜 녹색의 찻잎이 특유의 갈색을 띠도록 한다(그림 2-10).

홍차를 끓이면 주황색을 띠는 이유는?

녹색의 찻잎을 시들게 하여 흠집을 낸 후 둥글게 말아 발효시키면 폴리페놀 산화효소의 작용으로 차의 카테킨이 산화되어 홍차 특유의 오렌지색을 띠는 테아플라빈(theaflavin)이 형성된다. 홍차를 끓이면 어두운 주황색을 띠는 것은 테아플라빈이 다시 테아루비겐(thearubigen)으로 산화되었기 때문이다.

그림 2-10　갈변된 사과 슬라이스와 우롱차

4. 산소

일반적으로 산소는 식품성분과 쉽게 반응하여 비타민, 지방, 색소 등과 같은 식품성분을 산화시켜 영양소 파괴(특히 비타민 A와 C), 향미 저하, 퇴색 등을 일으키고 유독한 물질을 생성하여 품질 저하를 일으킨다. 식품의 가공 저장 중에 산소로 인한 품질 저하를 최소하기 위해 식품 중 공기의 제거, 산화방지제의 사용, 탈산소제 함입포장, 불활성기체(질소, 이산화탄소)치환충전, 진공포장 등 다양한 방법을 사용하고 있다.

과일과 채소는 수확한 후에도 호흡, 추숙(after ripening), 생장 등 생리작용을 한다. 특히 호흡을 통해 산소를 흡수하여 이산화탄소를 방출하고 에너지를 얻어 품온이 상승되며 중량 감소, 영양소 손실, 선도 저하 등이 일어난다. 따라서 환경기체의 조성을 대기 중의 공기와 다르게 조절하여 산소 함량을 줄이고 이를 질소, 이산화탄소 같은 불활성 기체로 대체시키면 호흡이 억제되어 오래 저장할 수 있다. 이러한 저장법을 가스저장, 즉 CA저장(controlled atmosphere storage)이라고 한다. 환경기체의 조성은 식품에 따라 차이가 있으나 일반적으로 산소의 농도는 1~10%로 감소시키고 이산화탄소의 농도는 1~20%로 증가시킨다. 또한 온도가 10℃ 증가하면 호흡량은 2~3배 증가하므로 CA저장은 저온저장(1~10℃)을 겸하는 것이 좋다. 사과, 배 같은 과일은 CA저장으로 9개월까지 저장기간을 연장할 수 있다. 한편 CA저장과 유사한 플라스틱 필름으로 식품을 밀봉하여 식품의 호흡과 필름류의 선택적 가스투과성에 의해 포장 내부의 환경가스 조성을 조절하는 MA저장(modified atmosphere storage)이 있다. MA저장은 CA저장과 같이 공기에 비해 산소 농도는 낮추고 이산화탄소 농도는 높게 하며 질소를 충전하기도 한다.

5. pH

1) 식품의 완충효과

채소즙에 레몬즙을 혼합하면 pH가 급격히 감소하지만 우유에 레몬즙을 혼합하면 채소즙에 비해 완만한 pH 감소가 일어난다. 우유를 젖산 발효시켜 요구르트를 만들 수 있는 것은 바로 우유의 완충효과 때문이다. 완충효과가 큰 식품성분에는 단백질, 아미노산, 인산염 등이 있으며, 단백질이나 아미노산은 등전점 부근에서 완충효과가 가장 크다.

2) 식품성분의 변화

우유에 산을 첨가하여 카제인의 등전점인 pH 4.6으로 조절하면 카제인이 응고, 침전하는데 이 원리를 이용하여 코티지 치즈(cottage cheese)를 제조한다(그림 2-11). 한편 식품에 함유된 색소인 안토시아닌, 안토잔틴, 엽록소 등은 pH에 따라 색깔이 변하므로 가공

그림 2-11 코티지 치즈와 완두콩 통조림

할 때 주의해야 한다. 특히 엽록소는 가공, 저장 중에 산에 의해 비가역적으로 페오피틴
이 생성되어 황색을 띠게 된다. 완두콩 통조림이 녹색을 띠는 것은 황산구리를 이용하여
산에 매우 안정한 구리엽록소가 형성되었기 때문이다(그림 2-11).

CHAPTER / 03

식품가공의
기초공정

식품가공의 기초공정

식품가공에서 사용되는 여러 처리 조작 단위들을 단위공정(unit operation)이라고 하며, 식품가공 공정은 단위공정들을 각 식품에 맞게 순서대로 거치면서 가공 목적에 맞는 제품으로 제조한다. 기초공정은 단위 공정 중 대부분의 모든 식품가공 공정에 활용되는 기본적인 공정들로써, 선별 및 정선, 수송, 세정, 분쇄, 혼합, 증류, 추출, 흡착, 성형 등이다.

1. 선별 및 정선

식품가공의 원료는 크기, 무게, 모양, 비중, 성분조성, 전자기적 성질, 색깔 등 물리적 성질이 다르고 또한 불필요한 이물질들(돌, 모래, 흙, 금속, 배설물, 털, 잎, 나뭇가지 등)이 혼재되어 있다. 이물질을 제거하고 건전한 원료만 가려내는 조작을 선별이라고 하며, 일정한 크기나 품질의 것만 취하는 조작을 정선이라고 한다. 대체로 크기, 무게, 모양, 비중, 성분조성, 전자기적 성질, 색깔 등 물리적 성질의 차이에 의해 이물질을 분리하고 제거한다.

선별과 정선의 대표적인 기준에는 무게, 크기, 모양, 광학 등이 있다.

1) 무게

식품재료를 무게에 따라 선별하는 것은 가장 일반적인 방법으로 육류, 생선 필렛, 일부 과일류와 채소류, 달걀 등은 대부분 무게에 따라 선별되어 가공원료로 사용된다. 무게에 따른 선별방법은 실제 무게를 측정하여 분류하게 되는데 크기 선별보다 더 정확하게 분리할 수 있다.

2) 크기

크기를 선별하는 가장 일반적인 방법은 체(sieve)를 사용하는 것으로 보통 진동 또는 회전용 체를 사용한다. 체질에 사용하는 체는 다양한 고체입자 혼합을 2개 이상 분획으로 분리하는 데 사용하며 분획된 것은 보다 균일한 크기의 재료들로 구성되어 있다. 체는 다양한 크기의 구멍(체눈)을 가지고 있는데, 덩어리나 가루로 된 가공재료를 크기별로 분리하는 데에 주로 이용되고 있다. 가장 보편적으로 사용되고 있는 체는 미국의 타일러 표준체이며, 일본표준체, 독일표준체가 있다.

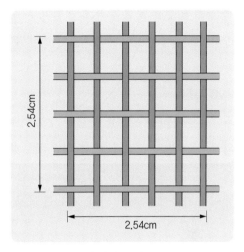

그림 3-1 메시 체의 크기

체눈 크기의 단위는 메시(mesh)인데, 1메시란 그림 3-1과 같이 1인치 체의 길이 (2.54cm) 안에 들어 있는 체눈의 수를 의미한다. 즉 30메시 체는 1인치 내에 체눈의 수가 30개 있는 체로, 메시가 클수록 가는 체를 의미한다.

크기 선별기는 원료 크기에 따라 구멍을 통과하여 선별되는 방법으로 평판체, 회전원통체, 롤러컨베이어로 구성된 선별장치로 구분된다. 평판체는 곡류, 밀가루, 향신료, 소금 등의 선별에 사용되고, 회전원통체는 콩 등과 같이 회전운동에 잘 견디는 원료의 선별에 이용된다.

3) 모양

같은 모양의 재료를 한데 모아 두면 가공할 때 편리한 점이 많아 가공효율이 높아진다. 크기와 무게에 의한 분류가 된 이후에도 다른 모양을 가진 경우가 많은데, 이 경우에는 길이와 직경의 차이에 따라 모양 선별기를 사용하여 분류한다. 모양 선별기 중 가장 일반적인 디스크형은 특정 디스크를 회전하면서 수직 진동하면 같은 모양을 가진 재료를 한데 모을 수 있는 장점이 있고, 실린더형은 디스크형과 원리는 비슷하지만 회전하는 수평 실린더가 있어서 이 속을 통과하면서 모양이 비슷한 것끼리 모이게 된다. 밀, 보리, 귀리, 쌀 등의 비슷한 곡류는 무게 선별기와 크기 선별기로는 분류하기 곤란하므로, 디스크와 실린더를 이용한 모양 선별기로 선별할 수 있다.

4) 광학

빛을 이용하여 원료를 분류할 수 있는데, 주로 사용되는 광학 선별기에는 반사 선별기와 투과 선별기가 있다. 반사 선별기는 빛을 원료의 표면에 비추어 그 반사 정도에 따라서 과일이나 채소의 착색 정도 또는 표면의 상처 등을 판단하는 장치이다. 투과 선별기는 빛의 투과율에 따라서 과일, 채소 등의 내부 품질을 확인하도록 고안된 장치이다.

2. 수송

식품가공공장 내에서의 수송은 분립체의 수송과 액체의 수송으로 대별할 수 있다. 분립체 수송은 기계식 수송기와 공기 수송기가 사용된다. 기계식 수송기에는 상승수송에 적합한 승강식 운반기(bucket elevator)나 수평수송에 적합한 체인, 컨베이어, 스크루 컨베이어 또는 벨트 컨베이어 등이 있고, 공기 수송기에는 상승수송이나 수평수송 모두 적합한 진공흡인식, 저압흡인식, 고압압송식 및 흡인압송식이 있다. 액체 수송은 파이프라인 수송에 의해 주로 이루어지며 유가공공장, 양조공장, 청량음료 제조공장 및 전분공업에서 특히 중요한 수송수단이 되고 있다.

3. 세정

세정은 식품 원료에서 불순물을 분리하거나 가공식품의 용기 또는 제품 중에 함유되어 있는 이물질 및 미생물을 제거하는 조작이다. 건식세정법과 습식세정법으로 나눌 수 있는데, 건식세정법에는 체질, 사별, 흡인, 연마 및 자력선별법 등이 있고, 습식세정법에는 침지, 분무, 부유, 초음파, 여과 및 정치침강분리 세정법 등이 있다.

1) 분무 세척법

다량의 식품을 세척하려고 할 때 식품 위에 물을 세게 뿌려 줌으로써 세척하는 방법으로써, 식품을 컨베이어에 실어 이동시키면서 이용하면 편리하다(그림 3-2). 여기서 물은 분무기나 노즐을 통하여 비교적 높은 압력으로 분사되어 불순물을 떼어 낼 수 있는 힘

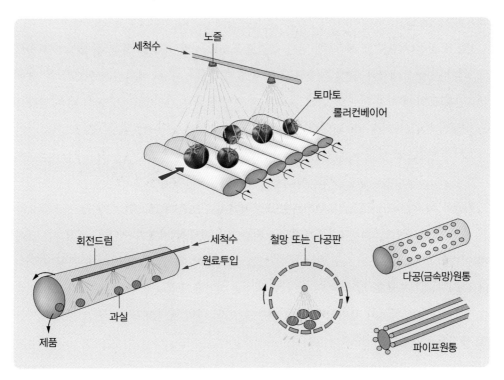

그림 3-2 분무 세척기

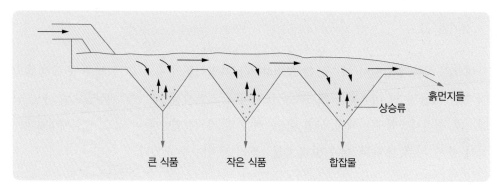

흙먼지들

상승류

큰 식품   작은 식품   합잡물

그림 3-3 부유 세척기

을 가져야 한다. 세척원료를 손상시키지 않으면서 세척의 효과를 최대로 하기 위해서는 물의 분사압력과 분사거리, 사용량, 온도 등을 적당하게 조절하여야 한다.

2) 부유 세척법

식품에 묻은 이물질을 물 속에 담가 협잡물을 분리시켜 세척을 하는 방법(그림 3-3)으로, 저어 주거나 세제와 같이 사용하면 더욱 효과적이다. 부유 세척기는 원료를 물 속에 담그면 밀도와 부력의 차이로 인해 밀도가 높은 협잡물은 가라앉고, 밀도가 낮은 협잡물은 떠올라 각각 분리해 낼 수 있다.

3) 초음파 세척법

초음파 세척법(ultrasonic washing)은 교반에너지로 초음파(16 kHz 이상)를 사용함으로써 음압에 의하여 압력이 교대로 고압 ↔ 저압으로 변하여 기포가 급격히 생겼다가 없어지는 것이 반복되면서 원료 표면에 붙어 있는 불순물이 제거되는 방법이다. 분무 세척이나 브러시 세척으로도 잘 세척되지 않는 병이나 식기류의 불순물을 빠른 시간에 세척할 수 있다. 더러운 달걀의 세척이나 채소 내부의 모래, 과일 표면의 왁스, 포크 등의 식기류의 세척에 이용된다.

4. 분쇄

식품원료를 기계적으로 작게 부수는 조작을 분쇄라고 한다. 고체 식품의 원료를 작게 만드는 것으로 절단, 파쇄, 제분이 있으며, 특히 제분은 곡류의 입자 크기를 작게 하여 가루로 만드는 공정이다. 유화는 액체를 분쇄하여 섞이지 않는 액체를 미립자 상태로 분산시키는 의미가 포함된다. 분쇄할 때 식품에 가해지는 힘은 충격력, 압축력, 전단력으로 한 가지 힘의 작용으로 분쇄되는 경우는 드물고 대부분 여러 가지 힘이 복합적으로 작용한다. 제조공정 중 분쇄를 하는 가공식품을 그 목적 및 효과에 따라 살펴보면 다음과 같다.

- 조직의 파괴로 유용 성분의 추출과 분리가 용이(예: 밀가루 분리, 커피의 추출, 식용유 추출)
- 일정한 입자로 세분화하여 이용가치 상승(예: 초콜릿의 정제, 각종 향신료의 제조, 분말 음료용 설탕입자의 조정)
- 표면적의 증가로 화학반응, 열전달, 물질 이동을 촉진시켜 건조, 추출, 용해, 증자 등의 시간 단축(예: 대두, 땅콩, 과일, 감자 등의 분쇄)
- 다른 재료와 혼합 또는 조합시키는 경우의 제품 균일화(예: 조제식품, 케이크 믹스, 분말수프, 향신료, 커피)

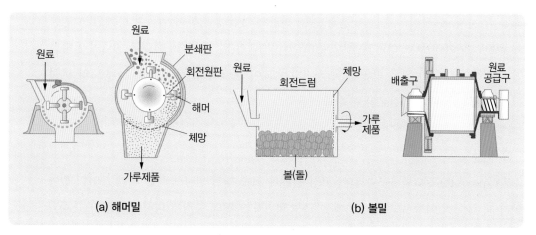

그림 3-4 해머밀과 볼밀

1) 분쇄기의 종류

분쇄기는 인류가 분립시대(곡류가루 위주), 분식시대(곡분으로 식품을 만드는 것을 위주), 발효시대, 복합가공시대를 거치면서 발달하였다. 현재의 분쇄기의 종류는 거친 분쇄를 목적으로 하는 파쇄기에서부터 미세 분쇄를 목적으로 하는 미분쇄기에 이르기까지 다양하며, 방식에 따라서도 건식·습식, 연속식·회분식 등이 있다.

(1) 해머밀

1개의 회전축의 원판 둘레에 여러 개의 해머(hammer)가 부착되어 있는 고정해머와 원판에 매달려 회전 속도에 따라서 움직일 수 있는 스윙 해머가 있다(그림 3-4(a)). 해머는 막대 모양, 칼날 모양, T자 모양 등 여러 가지가 있으며, 원료의 성질에 따라 교환하여 사용할 수 있다. 원료는 고속 회전하는 해머에 부딪히는 강한 충격으로 분쇄되고 또 분쇄판에 충돌하여 더욱 작게 분쇄되며, 분쇄된 입자는 분쇄실 아래의 체를 통과하게 된다. 해머밀은 다목적 분쇄기로 결정성 고체, 섬유질, 설탕, 식염, 카제인, 마른 채소, 옥수수 전분, 곡류 등의 원료를 분쇄하는 데 널리 사용되고 있다.

(2) 볼밀

볼밀(ball mill)은 그림 3-4(b)와 같이 수평원통 속에 2~15cm 직경의 금속이나 돌 같은 단단한 볼을 넣어 원료와 함께 회전시켜 분쇄하는 장치이다. 원료와 볼이 회전하다가 낙하될 때 볼과 볼 사이의 충돌과 볼과 원통 벽과의 마찰에 의하여 식품이 분쇄된다. 원통의 회전 속도가 너무 느리면 충돌이 안 일어나 분쇄가 잘 안 되고, 반대로 지나치게 빠르면 원심력으로 볼이 원통 벽에 붙어 회전하게 되어 분쇄가 안 되므로 회전 속도의 조절이 중요하다. 곡류와 향신료의 분쇄에 이용되고 있다.

(3) 핀밀

핀밀(pin mill)은 그림 3-5와 같이 고정 원판과 고속 회전 원판에 작은 막대 모양의 핀이 여러 개 붙어 있어서 고정핀 사이에서 고속 회전하는 핀의 충격에 의하여 원료가 분쇄되며 원판 주위에 링 모양의 체가 있어 분쇄된 가루가 통과하게 된다. 고속 회전에 의해 높은 마찰열이 발생하게 되고, 이 마찰열에 의하여 부착성의 원료가 핀에 붙을 염려가 있다. 또한 마찰열 때문에 저융점의 열에 민감한 원료를 분쇄할 때는 주의해야 한다. 설탕, 전분, 곡류, 콩 등의 선식 분쇄와 습식으로 콩, 감자의 분쇄 그리고 고구마의 2차 분쇄에 사용되고 있다.

그림 3-5 핀밀

(4) 롤밀

롤밀(roll mill)은 그림 3-6과 같이 2개의 간격을 조절할 수 있는 금속 또는 돌 롤이 회전하면서 압축력과 전단력에 의하여 식품이 분쇄되는 장치이다. 표면에 홈이 파여 있는 조쇄롤(break roll)은 거칠게 분쇄하고, 표면이 매끈한 활면롤(smooth roll)은 연한 재료를 곱게 분쇄하는 데 이용된다. 옥수수, 콩, 커피, 면실, 유박, 밀가루, 쌀가루 등의 분쇄에 널리 사용되고 있다.

(5) 디스크밀

디스크밀(disc mill)은 홈이 파져 있는 2개의 원판(디스크) 사이에 식품을 넣고 원판 사이의 간격을 적당히 조절하여 회전하면 마찰력과 전단력에 의하여 분쇄가 일어나는 장치이다. 곡류의 분말제품, 섬유질의 미분쇄 또는 옥수수, 쌀의 분쇄에 널리 이용된다.

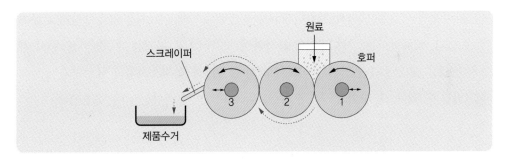

그림 3-6 롤밀

2) 분쇄기의 선정

분쇄기는 원료의 특성, 수분함량과 온도조건 등을 고려하여 선택한다.

(1) 원료의 특성

원료의 크기, 이화학적 특성, 분쇄 후의 입자 크기, 입도 분포, 재료의 양, 습·건식의 구별 등을 고려하여야 한다. 또한, 분쇄 온도와 열에 민감한 식품의 경우에는 분쇄 중에 식품성분의 열분해, 변색, 향기의 발산 등이 품질을 저하시키므로 냉각 효율이 높은 분쇄기를 선정하여 온도를 일정 범위 내에서 유지할 수 있도록 하여야 한다. 특히 열에 민감한 식품은 드라이아이스나 액체질소를 사용하여 동결분쇄를 하는 것이 좋다.

(2) 수분과 온도조건

건조한 고체를 분쇄할 때 많은 먼지가 생겨 호흡기 질환을 야기하거나 경우에 따라서 인화성과 폭발성의 우려가 있으므로 원료에 적당한 수분이 있는 것이 좋다. 밀 제분 시 밀의 수분함량을 조절한다든가 옥수수 제분에서 습식방식을 채택하는 것도 이러한 이유 때문이다. 분쇄과정에서의 마찰열이 온도를 상승시켜 재료를 변하게 하거나 연화시키는데, 특히 열에 민감한 재료일 경우에는 재료가 서로 엉겨 붙거나 분쇄기에 붙으므로 가공 효율이 나빠진다.

(3) 동결분쇄

원료 품질의 열화를 억제하면서 미세하게 분쇄하기 위해 원료식품을 동결상태로 분쇄할 수 있다. 액체질소를 식품 표면에 분사하여 순간적으로 동결한 후 충격 분쇄하는데 상온 분쇄할 때 발생하는 발열과 산화에 의한 품질변화를 최소화하고 물성변화, 영양파괴를 막을 수 있다. 또 향미가 중요한 향신료나 조미료의 분쇄에는 매우 유용하다.

5. 혼합 및 유화

1) 혼합

대부분의 가공식품은 두 가지 이상의 원료를 써서 제조되므로 각 원료를 얼마나 잘 혼합해 주느냐에 따라 제품의 질이 좌우된다고도 할 수 있다. 혼합은 고체와 고체의 혼합, 고체와 액체의 혼합, 액체와 액체의 혼합, 액체와 기체의 혼합 등의 유형으로 나눌 수 있다. 혼합에 의해 물리적 성질 및 화학적 변화를 일으켜 반응속도를 촉진시키고, 독특한 물성을 얻을 수 있게 한다.

혼합과 관련된 용어로 다음과 같은 용어가 있다.

- 혼합(mixing): 고체와 고체를 섞는 조작으로 모든 형태의 혼합을 의미하기도 하며, 밀가루와 설탕을 섞는 것을 예로 들 수 있다.
- 교반(agitation): 액체와 액체, 액체와 소량의 고체, 액체와 기체의 혼합이며, 고점도의 반고체물질과 액체를 혼합할 때 쓰인다.
- 반죽(kneading): 고체와 액체의 혼합이며, 고점도의 반고체물질과 액체를 혼합할 때 쓰인다. 예로는 밀가루에 물을 넣어 섞는 것을 들 수 있다.
- 유화(emulsification): 액체와 액체의 혼합으로 기름과 물 같이 서로 섞기 어려운 액체를 교반하여 한 액체를 다른 액체에 균일하게 분산시키는 조작이다.

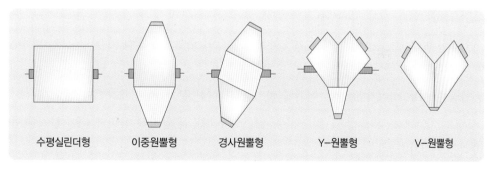

수평실린더형   이중원뿔형   경사원뿔형   Y-원뿔형   V-원뿔형

그림 3-7   여러 가지 텀블러 혼합기의 모양

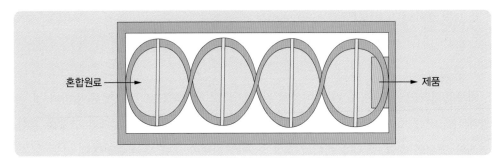

혼합원료 → 　　　　　　　　　　　　→ 제품

그림 3-8　리본형 혼합기

　혼합조작은 각종 식품에 따라 어떻게, 그리고 어떤 장치를 이용하여 단시간 내에 완료할 수 있는가 하는 것이 매우 중요하다. 고체 식품끼리의 혼합은 회전이나 뒤집기 원리를 이용하여 용기 속에 원료를 넣고 용기를 회전시키거나 여러 가지 텀블러(그림 3-7)를 활용하여 뒤집기를 반복하거나, 리본혼합기(그림 3-8)나 스크루혼합기(screw mixer)를 사용하여 혼합한다. 스크루혼합기는 고체식품들이 스크루의 회전에 따라 아래위로 그리고 앞뒤로 혼합되는 원리이며, 혼합하면서 수송을 겸할 수 있는 장점과 스크루와 식품 사이의 마찰이 많아 혼합 중에 식품이 부서지기 쉬운 단점이 있다.

　고체와 액체식품의 혼합은 고체 및 액체의 양에 따라, 그리고 혼합물의 성질과 혼합제품의 특징에 따라 혼합원리가 달라진다. 반죽과 같은 경우 점성이 크고 유동성이 거의 없으므로 반죽기의 기계적인 교반 날개에 의해 혼합하게 된다.

2) 유화

　섞이지 않는 두 종류의 액체를 균일하게 혼합하여 분산질과 분산매가 다 같이 액체인 교질상태를 유화액이라 하고 이러한 유화액을 만드는 과정을 유화라 한다. 물과 기름의 혼합물은 서로 섞이지 않지만 여기에 인지질 같은 한 분자 내에 소수기와 친수기(-OH, -CHO, -COOH, -NH$_2$ 등)가 있는 유화제를 소량 넣고 혼합하면 유화가 되어 안정한 유화액을 형성하게 된다.

　유화액에는 물 속에 기름이 분산된 수중유적형(Oil in Water, O/W)과 이와 반대로 기름 중에 물이 분산된 유중수적형(Water in Oil, W/O)의 두 가지가 있다. 예를 들면, 우유,

생크림, 마요네즈, 아이스크림 등은 수중유적형이고, 버터와 마가린은 유중수적형 식품이다. 유화형을 결정하는 조건은 유화제의 성질, 전해질의 유무와 그 종류 및 농도, 물과 기름의 비율, 기름의 성질, 물과 기름의 첨가 순서 등이다.

6. 여과 및 막분리

1) 여과

다공성 여과제(filter media)를 사용하여 고체-액체 혼합물을 물리적으로 분리하는 조작을 여과(filtration)라고 한다. 여과하고자 하는 고체-액체 혼합물을 여료 또는 현탁액(slurry)이라 하고, 여과제를 통과하여 얻어지는 액을 여액(filtrate)이라고 하며 여과제를 통과하지 못한 고형물을 여과박(filter cake)이라고 한다.

주류와 과일주스 등과 같이 대부분 여과조작은 청징한 액체를 얻기 위하여 이용되지만 고형물을 얻는 데 사용되기도 한다. 여과기는 여과를 일으키는 압력의 원천에 따라 중력여과기, 감압여과기 및 가압여과기(필터프레스) 등이 있으며 식품공업에서 가장 많이 사용되는 것은 압력을 가해 빠른 속도로 여과하는 가압여과기이다(그림 3-9).

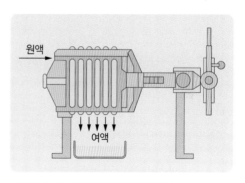

그림 3-9　가압여과기(필터프레스)

2) 막분리

막분리 기술은 분자 수준에서 성분을 분리하는 데 사용되는 여과방법으로 정밀여과, 한외여과, 역삼투를 비롯하여 투석이 있으며 분리원리와 특징은 그림 3-10 및 표 3-1과 같다. 막분리법은 상변화없이 물질을 분리하는 기술로 연속조작이 가능하며 열손상이 없고 휘발성 성분의 손실이 적다.

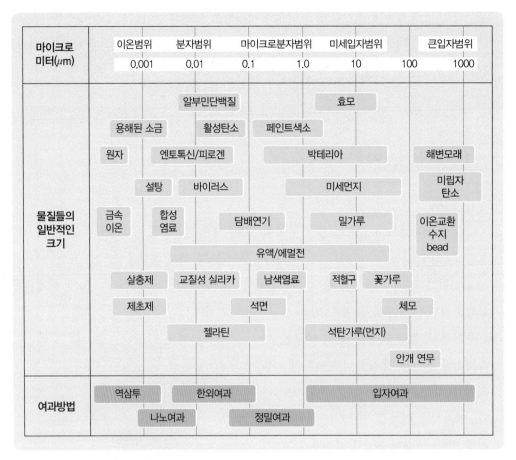

그림 3-10   여과 스펙트럼

표 3-1   **여러 가지 막분리의 특징**

막분리법	막분리 추진력과 분리원리	투과가능 물질	활용
확산투석 (dialysis)	확산에 의한 농도 차이	용질분자, 물	용질 상호간 분리
전기투석 (electrodialysis, ED)	이온 차이(전위차)	이온성물질, 물	이온과 비전해질 분리
정밀여과 (microfiltration, MF)	압력 차이 및 막 외경 크기	용질분자, 물	제균, 맥주와 와인 여과
한외여과 (ultrafiltration, UF)	압력 차이 및 막 외경 크기	용질분자, 물	생주(무가열살균)의 살균 및 제균
역삼투 (reverse osmosis, RO)	역삼투압력, 용매/용질 분리	물	과즙 농축, 정수기

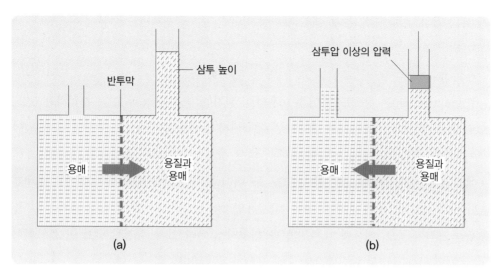

반투막 — 삼투 높이 — 삼투압 이상의 압력

용매 — 용질과 용매 — 용매 — 용질과 용매

(a) (b)

그림 3-11 삼투압(a)과 역삼투압(b)의 원리

역삼투는 그림 3-11과 같이 반투막을 사이에 두고 용액의 농도 차이에 의해 생성된 삼투압보다 더 높은 압력을 진한 용액 쪽에 가함으로써 진한 용액의 용매(대체로 물)를 묽은 용액 쪽으로 이동시켜 진한 용액을 더 농축시킬 수 있는 방법으로 과일주스나 채소주스 농축과 정수기에 활용된다.

7. 증류 및 추출

1) 증류

증류(distillation)는 두 종류 이상의 화합물이 혼합된 용액을 가열하여, 각 성분의 끓는점에 따라 각 성분을 분리하는 조작이다. 증류는 그 방법에 따라 단증류와 분류(정류), 수증기증류 등으로 나눌 수 있는데, 단증류는 혼합 성분의 끓는점 차이가 큰 경우에 사용하며, 분류(정류)는 증류된 성분을 다시 각 온도에서 분리하는 방법이다. 수증기증류는 고온에서 열분해되기 쉽고 물에 잘 녹지 않는 물질은 저온에서 증류하며, 상압진공에서 한다.

식품가공에서의 증류는 주정, 브랜디, 위스키, 소주, 고량주 등의 증류주 제조, 과즙 농축, 유지 탈취, 용매 탈취, 용매 회수, 지용성 비타민, 모노글리세리드 증류에 이용된다.

2) 추출

추출(extraction)은 용해도 차이를 이용하여 원하는 물질을 농축 또는 분리하는 조작으로 추출 후 용질이 풍부하게 존재하는 용액에서 용매를 증발시키면 순수한 용질을 얻을 수 있다. 추출속도는 용질이 한 상에서 다른 상으로 이동되는 속도로서 입자의 크기, 용매의 종류, 온도, 액의 교반 정도, 농도 등 여러 가지 요인에 따라 달라지는데, 대체로 농도 차가 클수록, 추출 온도가 높을수록, 표면적이 넓을수록 증가한다. 사용하는 추출 용제는 가격이 싸고, 제품에 나쁜 영향을 미치지 않아야 하며, 융점이 낮고 인화의 위험이 없으며, 원하는 성분을 선택적으로 잘 용해하여야 한다.

추출기는 용매와 원료를 섞는 혼합기와 추출이 충분히 일어난 후 용액과 잔류불을 분리하는 분리기로 구성되어 있으며 회분식 추출기와 연속식 추출기가 사용되고 있다.

> **다양한 커피**
>
> 커피를 즐기는 사람이 늘어나면서 인스턴트커피 추출방식이 다양화되고 있다. 인스턴트커피뿐 아니라 에스프레소나 퍼코레이터 등 다양한 추출방법을 활용한 커피를 볼 수 있다.

추출 공정을 사용하는 대표적인 예는 대두, 옥수수 등의 종실에서 유지 추출, 인스턴트커피와 홍차 제조, 원료로부터 엑기스분의 추출, 사탕무나 사탕수수 등의 원료로부터 설탕의 용해 추출 등이다.

8. 흡착

흡착은 기체 또는 액체를 다공질 또는 이온 교환능력을 가진 고체에 접촉시켰을 때, 기체 또는 액체 중의 특정한 성분이 고체에 특이적으로 결합되는 성질을 이용하여 특정 성분을 분리하는 조작이다.

흡착에 사용되는 흡착제는 활성탄, 산성백토, 실리카겔, 골탄, 이온교환수지 등이 있다. 활성탄은 다공질로 되어 있어 내부 표면적이 크므로 유지나 물, 수용액의 탈색과 정제에 널리 이용되고 있다. 숯이 탈취와 탈색의 목적으로 생활에서 사용되고 있는 것은 활성탄

흡착의 한 예라고 할 수 있다. 산성백토는 염화알루미늄이 주성분으로 유지의 탈색과 탈취에 이용되고, 실리카겔은 다공성의 망상구조를 가지므로 공기 중의 수분제거에 매우 효과적이어서 가공식품의 제습제로 많이 활용되고 있다. 골탄은 인산칼슘이 주성분으로 수용액의 탈색에 이용된다. 이온교환수지는 이온성 물질을 선택적으로 결합할 수 있는 도구로 음이온을 흡착하는 것을 음이온 교환수지, 양이온을 흡착하는 것을 양이온 교환수지라 한다. 염류나 이온성 화합물의 분리에 의한 물과 수용액의 정제에 이용된다.

숯의 활용

숯은 우리 주변에서 볼 수 있는 대표적인 활성탄소이다. 냉장고 속 음식 냄새 탈취나 집안 공기의 정화 등을 위해 가정에서 흔히 숯을 활용하는 것을 볼 수 있다. 조상들도 숯을 활성탄소로써 생활 속에서 활용해왔는데, 아기가 태어났을 때 아기의 성별과 상관없이 대문 앞에 숯을 매단 금줄을 걸었던 것은 숯의 강한 흡착력과 환원력이 해로운 미생물로부터 산모와 아기를 보호할 수 있었기 때문이다. 또한 장을 담글 때에도 숯을 넣어 세균과 오염물질을 제거했다.

---

9. 압착

식품공업에서 압착(expression)은 식물성 유지의 착유, 치즈 제조, 과일에서 주스의 착즙 등에 널리 이용되는 방법으로 고체에 압축력을 가해 액체성분을 짜내는 조작이다. 압착기는 압축력을 주는 기계적인 장치와 액체성분을 잔류 고체 성분에서 분리할 수 있는 여과장치로 구성되어 있다.

회분식의 유압식 압착기와 연속식인 스크루식 압착기(그림 3-12)는 착유 및 과일주스에 널리 사용되고, 연속식 롤러압착기는 사탕수수에서 원당액을 추출하는 데 사용된다.

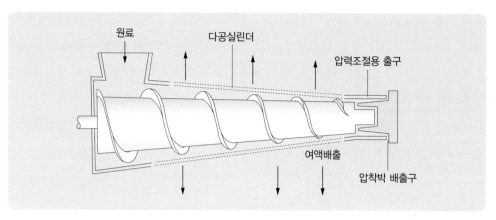

원료　다공실린더　압력조절용 출구

여액배출

압착박 배출구

그림 3-12　스크루식 압착기

10. 성형

성형(forming, moulding)은 여러 가지 방법으로 원료의 모양을 바꾸어 가공 식품의 최종 모양과 형태를 만드는 조작이다. 성형방법에는 주조성형, 압출성형, 응괴성형과 과립성형 등이 있다.

1) 주조성형

약과, 쿠키, 빙과와 같이 일정한 모양의 틀에 식품 원료를 담아 찍어내어 냉각 또는 가열에 의하여 굳혀서 제품을 만드는 성형을 주조성형이라 한다(그림 3-13(a)). 병과류, 빵류, 과자류 등의 제조에 이용되고 있다. 또한 국수나 껌 등의 제품 제조에 사용되는 압연성형은 원료를 반죽하여 2개의 회전하는 롤(roll) 사이로 통과시켜 얇게 늘리면서 면대를 만든 다음, 이를 세절하거나 압인 또는 압절하는 방법이다.

2) 압출성형

압출성형은 반죽, 반고체 및 액체식품을 노즐 또는 다이와 같은 작은 구멍을 통해서 강한 압력으로 밀어내어 일정한 모양을 가지게 하는 성형법이다(그림 3-13(b)). 압출성형

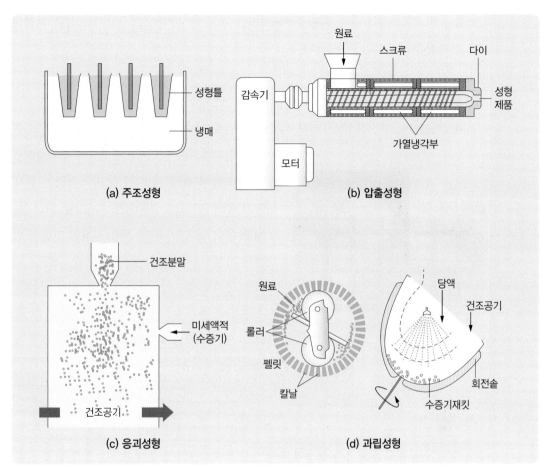

그림 3-13　여러 가지 성형 장치

기로 원료를 성형하며, 원료가 고속 스크류에 의하여 혼합, 전단, 가열 작용을 받아 고압, 고온으로 순간적으로 점탄성 물질로 외부로 압출되므로 혼합, 가열, 팽화, 성형이 이루어진다. 발열방식과 비발열방식이 있는데, 비발열방식은 원료의 조직 및 물성이 변형되지 않고 성형을 주목적으로 하며, 발열방식은 전단과 마찰로 내부 온도와 압력이 높아져서 원료의 물성을 변화시키고 여러 가지 변화를 일으킨다.

　압출성형은 전분질 식품의 가공, 호화전분의 제조, 효소의 불활성화, 두류의 저장성 향상, 향미 개선, 소화율을 증대시키고, 전분질 곡류와 고단백질 곡류를 혼합 가공하여 고

단백질 스낵 식품, 팽화 간편 식품을 제조할 수 있고, 콩 단백질로 육고기와 같은 식감의 인조 단백질을 제조하는 데 사용된다.

3) 응괴성형

응괴성형은 이스트, 인스턴트커피, 각종 인스턴트 차나 분말주스, 조제분유 등의 제품에서 입자가 작은 분말을 응집시켜 응괴형태로 바꾸어 물에 녹일 때 뜨지 않고 가라앉아 용해되기 쉽게 만드는 성형방법이다(그림 3-13(c)). 예를 들어 분유는 유당, 지방, 카제인 미셀과 침전된 유청 단백질들이 물에 들어가 수화될 때 서로 뭉쳐서 덩어리지므로 잘 용해되지 않는데, 건조물에 수분을 분무하여 끈끈하게 만든 후 다시 스펀지 같은 응괴입자로 건조하면 잘 용해된다(그림 3-14).

그림 3-14 응괴성형된 조제분유와 이스트 입자

4) 과립성형

과립성형은 젖은 상태의 분체식품이 구멍이 있는 회전드럼 속에서 회전틀에 의하여 압출되어 펠릿(pellet)으로 성형되는 원리이다(그림 3-13(d)). 최근의 자일리톨과 같은 과립형 껌이나 초콜릿 볼, 당의정 약과 같이 표면에 당액을 분사하여 건조시키는 성형은 회전솥을 사용하여 표면에 반복적으로 당액이나 코팅제를 피복하여 차츰 크기가 커지면서 성형되는데 이를 피복식 과립성형이라고 한다.

식품저장원리 1

건조, 냉장과 냉동

식품저장원리 1: 건조, 냉장과 냉동

1. 건조

건조는 수분을 증발시키는 공정을 의미하며, 수분은 미생물에 의한 식품의 부패, 효소에 의한 변질, 화학적 변화 등에 영향을 주므로 식품 중의 수분을 증발시키면 식품의 저장성을 높일 수 있다. 더불어 건조는 식품의 무게와 부피를 감소시켜 운반과 포장이 좋아지는 등의 경제적 효과도 생긴다. 또한 독특한 맛, 향기, 색이 형성되어 상품가치가 증가하는 효과도 있다.

식품의 건조는 먼저 식품 내의 수분이 식품의 표면으로 이동하고 표면으로 이동한 수분은 증발하게 되어 건조가 일어나게 된다. 식품 표면의 수분이 증발하고 나면 다시 식품 속에 있는 수분이 표면으로 이동하면서 연속적으로 건조가 일어나게 된다.

1) 건조곡선

식품을 건조하면 수분함량의 변화가 나타내는데 건조에 따른 수분함량의 변화를 나타낸 곡선을 건조곡선이라 한다. 건조곡선은 수분함량과 건조시간으로 나타내는 경우가 일반적이며 건조속도와 건조시간의 관계로 표시하기도 한다. 건조곡선은 몇 개의 구간으로 구분할 수 있는데 처음 건조 시 식품의 온도가 상승하는 구간(AB)을 예열기간, 이후 식

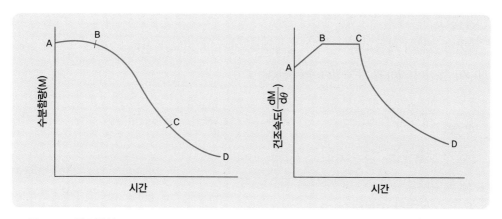

그림 4-1　건조곡선

품 표면에 있는 수분이 증발하는 단계인 구간 BC가 항률건조기간이다. 마지막 3단계는 구간 CD로 감률건조기간(감속건조기)이라 부르며, 이 기간에서는 표면수분이 모두 증발되고 식품 내부에 있는 수분이 표면으로 이동하는 속도가 감소되어 표면이 건조되기 기간이다.

2) 건조에 영향을 미치는 인자

식품의 건조는 아래와 같은 인자에 의해 영향을 받는다.

(1) 식품의 표면적

표면증발속도는 식품의 표면적에 비례하고 내부확산속도는 식품 두께의 제곱에 반비례한다. 따라서 두께가 얇고 표면적이 넓은 것이 건조에 유리하다.

(2) 식품의 성질

식품 내에 존재하는 성분과 성질에 따라서 건조속도가 달라진다. 지방 등을 함유하고 있는 식품의 경우 건조 속도가 느리고, 다공성 구조로 되어 있는 경우 건조속도가 빠르다.

(3) 공기

공기의 흐름이 빠를수록, 온도가 높을수록 건조속도가 증가한다. 그러나 온도가 높아질수록 품질이 저하될 가능성이 높아진다.

(4) 습도

습도가 낮을수록 건조속도는 증가한다.

3) 건조에 의한 이화학적 변화

(1) 물리적 변화

<u>수용성 물질의 이동</u>   식품 내부의 수분이 표면으로 이동할 때 수분에 녹아 있던 용질도 함께 이동되는 현상이 나타난다.

<u>수축현상</u>   식품이 건조되면 수분이 차지했던 부피만큼 수축현상이 생기게 된다.

<u>표면경화</u>   표면경화는 내부에서 표면으로의 확산속도보다 식품 표면에서의 증발속도가 더 클 때 내부의 수용성 물질이 표면으로 이동되고, 표면으로 이동하는 모세관이 막혀 표면에 단단한 막이 생기는 현상이다(그림 4-2). 표면 경화가 발생하면 건조속도가 현저히 떨어지고 중단되기도 하는데, 이러한 표면경화 현상은 당류 또는 용질의 농도가 높

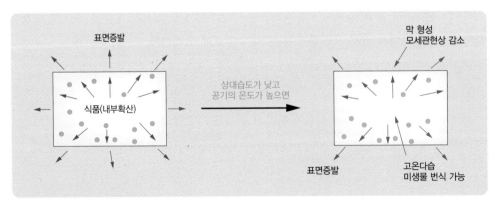

그림 4-2   표면피막경화

은 식품에서 심하게 발생된다. 표면경화 현상은 초기의 건조속도를 높이고 후기의 건조 온도를 낮추고 상대습도를 높이면 내부수분확산은 촉진시키고 표면증발을 늦춤으로 억제할 수 있다.

성분의 석출 건조 중 수분과 함께 녹아 있던 용질이 식품 표면으로 이동되고 식품의 표면에 성분이 석출되어 흰 가루가 관찰되는 경우가 있다. 대표적인 예가 말린 미역과 다시마 등의 만니톨, 마른 오징어와 전복 등의 타우린 등이 있다.

(2) 화학적 변화
갈변현상 갈변은 수분함량이 1~30%에서 일어나므로 식품의 수분함량이 낮은 건조후기에 심하게 발생한다. 따라서 건조 후기의 온도를 낮게 하면 갈변을 어느 정도 감소시킬 수 있다.

영양가의 변화 식품이 건조되면 수분함량이 낮아져 상대적으로 영양소의 함량은 증가한다. 그러나 대부분의 영양소는 건조과정 중에 손실되며 특히, 비타민의 손실이 크다. 그러나 동결건조의 경우 고열로의 적용이 없기 때문에 상대적으로 영양소의 손실이 적다.

단백질의 변성 식품의 수분이 감소함에 따라 단백질은 단백질간의 결합이 형성되면서 단단한 덩어리가 형성될 수 있다. 또한 수분이 적은 식품은 고온에서 단백질 변성이 일어나 조직감, 보수력, 용해성, 거품성, 수축성 등이 떨어진다.

지방의 산패 고온 건조한 식품의 경우 유지가 산패되어 산패취 등의 이취와 떫은맛 등의 이미가 발생할 수 있다. 따라서 건조 시 항산화제를 이용하면 산패를 억제할 수 있다.

4) 건조방법 및 건조기
식품의 건조방법은 크게 자연건조법과 인공건조법으로 나뉜다. 자연건조법은 천일건조, 자연동결건조 등이 있으며, 인고건조법은 가압건조와 상압건조 그리고 진공건조가 있다. 식품의 건조는 식품의 종류나 성상(고체, 분체, 액체), 처리량, 열감수성 등에 따라 달라진다.

(1) 천일건조

천일건조는 태양열이나 바람과 같이 자연조건을 이용하여 건조시키는 방법으로 특별한 설비나 기술을 필요로 하지 않는다. 따라서 경비가 적게 들어 경제적으로 효율적이지만 날씨 등에 의해 영향을 받으며 건조시간이 길고 비위생적이라는 단점이 있다.

(2) 자연동결건조

자연동결건조는 겨울철에 낮은 기온을 이용해 온도가 0℃ 이하로 떨어질 때는 식품 중의 수분이 얼었다가 온도가 상승하면 녹으면서 동시에 수분이 조금씩 증발되는 현상을 이용한 건조방법이다. 자연동결건조를 이용한 대표적인 식품으로는 한천이나 마른 명태가 있다.

(3) 열풍건조

열풍건조는 식품에 영풍을 접촉시켜 건조하는 방법으로 킬른 건조기, 캐비닛 건조기, 터널 건조기, 컨베이어 건조기, 부상식 건조기, 기송식 건조기, 분무건조기 등이 있다.

<u>킬른 건조기와 캐비닛 건조기</u>　킬른 건조기(kiln drier)와 캐비닛 건조기(tray drier, cabinet drier)는 그림 4-3과 같이 그 구조가 간단하여 시설비와 운용비가 적게 들며 사용방법도 간단한 장점이 있다. 그러나 자연 순환 상태로 조작하게 되면 위치에 따른 온도 차이가 크므로 공기 순환팬을 설치하여 이용하는 것이 좋다. 소량건조에 주로 사용되며, 실험건조용으로도 적합하다.

<u>터널 건조기</u>　터널 건조기(tunnel drier)는 긴 터널로 되어 있어 다량의 식품을 건조하는데 적합하며 연속적인 건조도 할 수 있는 장점을 갖는다. 터널 건조기는 열풍의 방향과 식품의 이동방향이 같은 병류식 건조(cocurrent tunnel drier)와 반대방향인 향류식 건

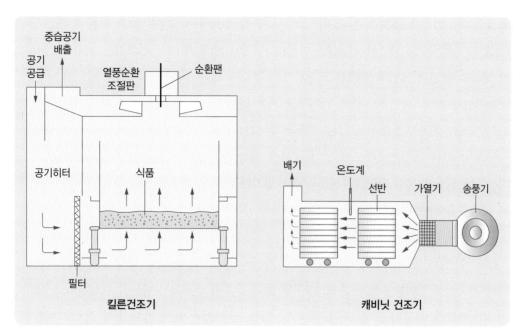

그림 4-3　킬른 건조기와 캐비닛 건조기

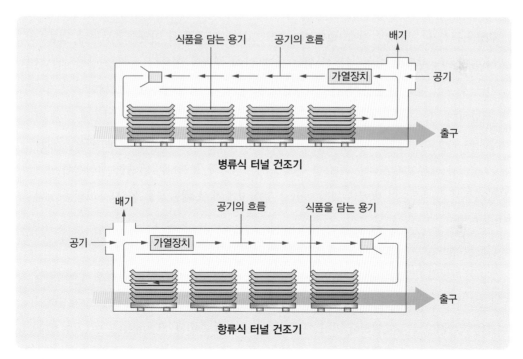

그림 4-4　터널 건조기

조기로 나누어진다. 병류식 건조기는 초기 건조속도가 빠른 장점이 있고 항류식 건조기는 초기 건조속도는 낮으나 건조효율이 높은 장점이 있다. 병류식 건조기는 초기의 건조한 열풍으로 일찍 표면의 형태가 고정되므로 건조에 의한 수축이 억제되어 밀도가 낮은 건조제품을 얻을 수 있다. 건조 말기에는 저온 다습한 공기와 접촉하게 되므로 건조속도가 느려져 최종수분함량이 낮은 제품을 얻기는 어렵다. 항류식 건조기(countercurrent tunnel drier)는 초기건조속도가 낮아 수축이 계속되어 밀도가 높은 건조제품이 되므로 미생물에 의한 변질이 일어나기 쉽고, 건조 말기에는 고온 건조한 열풍과 접속하게 되므로 최종수분함량이 낮은 제품을 얻을 수 있다.

컨베이어 벨트 건조기 컨베이어 벨트 건조기(conveyor belt drier)는 터널 건조기와 비슷하나 건조식품의 이동을 금속망 또는 구멍 뚫린 금속판 컨베이어 벨트를 이용한다. 건조속도가 빠르며, 사용되는 범위가 넓어 과일, 채소, 건조만두, 한천, 과자 등의 건조에 이용되고 있다.

부상식 건조기 부상식 건조기(fluidized bed drier)는 식품의 아래쪽으로부터 열풍을 불어 올려주어 부력에 의해 식품이 위로 뜨게 하여 재료와 열풍의 접촉을 향상시킨 건조기로 부유식 혹은 유동층식 건조기라고도 한다. 이다. 곡물이나 분말상태의 식품건조에 적합하며 건조속도가 빠르고 균일하게 건조되는 장점이 있다. 그러나 열풍에 의해 미세입자의 손실이 발생할 수 있으므로 사이클론을 설치하여 회수할 수 있게 한다. 사이클론은 공기와 제품의 밀도차를 이용한 분리장치로 공기를 회전시켜 발생한 원심력에 의해 분말제품이 사이클론의 벽에 부딪쳐 아래로 떨어지게 해서 배출구를 통해 분리되는 장치이다.

기송식 건조기 기송식 건조기(pneumatic drier, air lift drier)는 식품을 속도가 빠른 열풍 흐름에 투입하여 식품을 열풍과 함께 이동하면서 건조시키는 방법이다. 입자상태의 원료에 적합하고 건조표면적이 커서 건조속도가 빠르며 균일한 건조제품을 얻을 수 있으며 제품의 건조와 동시에 수송을 할 수 있다는 장점을 갖는다.

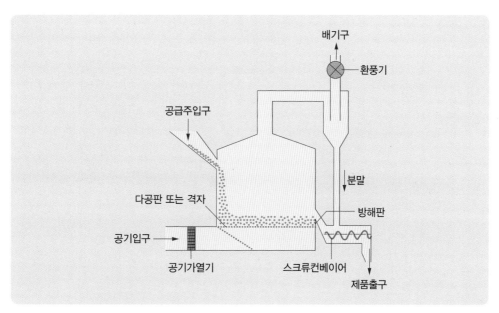

그림 4-5　부상식 건조기

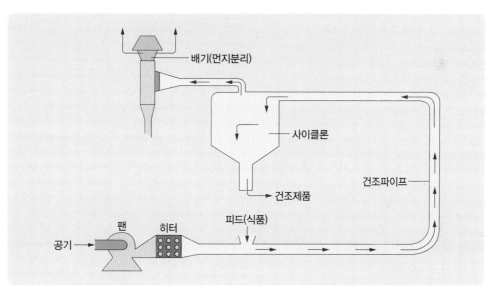

그림 4-6　기송식 건조기

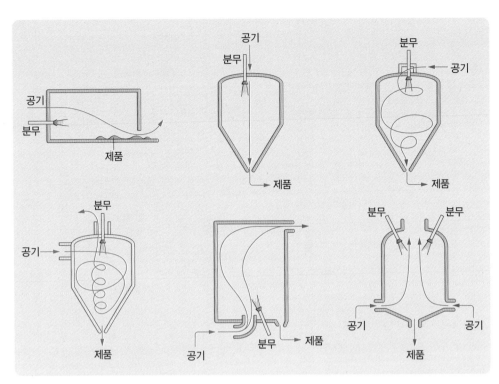

그림 4-7　여러 가지 분무 건조기

　　분무 건조기　분무 건조기(spray drier)는 열풍을 이용한 건조방법 중 연속식 건조 방법이다. 미세 액체 입자를 분무하여 열풍을 접촉하여 순간적으로(1~10초) 건조시키므로 건조시간이 짧아 열변성이 적은 장점이 있다. 분무 건조 역시 열풍과 식품의 이동방향에 따라 병류식과 향류식이 가능하다. 제품이 분말상이라 손실이 발생할 수 있으므로 이 역시 사이클론을 설치해 제품을 분리할 수 있도록 한다.

　　분무 건조는 분유, 인스턴트커피, 홍차, 달걀, 과일주스, 분말 물엿, 분말 유아식품 등 액상에서 건조분말을 제조할 때 가장 널리 사용하는 방법이다. 단위시간당 제품생산량이 많은 장점도 있다.

(4) 드럼 건조기

드럼 건조기(drum drier)는 회전하는 가열된 원통의 표면에 액체, 퓌레, 페이스트, 반고

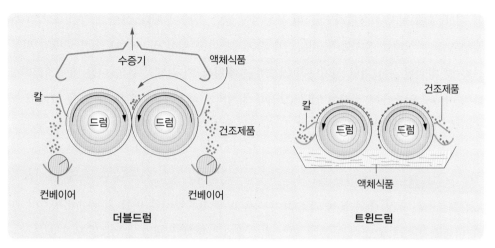

그림 4-8   드럼 건조기

체형 원료 등을 얇은 피막의 형태로 도포시켜 건조시키는 장치로 막건조, 혹은 필름건조라고 한다. 드럼 건조기는 분무건조를 이용하기에 입자가 너무 큰 경우에 적합하다. 주로 호화전분, 수프, 유아식품, 효모, 매시드 포테이토, 가용성 전분, 글루텐 등에 이용된다.

(5) 진공 건조기

진공 건조기(vacuum drier)는 밀폐된 용기 내의 압력을 저압이나 진공상태로 유지하면서 저온에서 건조시키는 방법으로 열변성이 적게 일어나는 장점을 갖는다. 동결 건조에 비해서는 시설비가 적으나 다른 건조기에 비해 시설비가 높다는 단점이 있다. 당이나 산 함량이 높아 가열 등에 의해 품질변화가 큰 물엿, 연유, 오렌지 과즙, 토마토퓌레 등에 사용된다.

(6) 동결 건조기

동결 건조기(freeze drier)는 낮은 압력에서 고체인 얼음이 기체인 수증기로 승화되는 현상을 이용하여 식품을 건조시키는 방법이다. 고온을 적용하지 않으므로 열에 의한 변성이 적은 건조방법으로 열에 민감한 액체 또는 고체 식품의 건조에 이용된다. 식품 중의 수분을 동결한 뒤 제거하므로 얼음이 있던 부분이 다공성 구조가 되며 가벼운 제품이 되고 물에 넣거나 용해하였을 때 복원성이 좋은 제품이 된다. 또한 모양과 크기가 동결전과 같은 상태를 유지하며, 비타민과 향기성분의 손실이 적고 열에 의한 단백질 변성, 산화 및 화학반응이 거의 일어나지 않으며 수축현상, 가용성 성분의 이동, 표면경화현상이 일어나지 않는다는 장점이 있다. 그러나 시설비가 매우 높아 육류, 버섯 등 고가의 식품이나 커피, 홍차, 과일, 천연조미료 등 향미가 중요한 식품에 주로 사용된다.

5) 건조식품의 저장

건조식품은 저장 중 수분을 흡습하여 식품의 색이나 향미가 변할 가능성이 있으며, 또한 미생물 번식과 효소의 작용이 활발해져 품질의 변화가 생길 수 있다. 동결 건조식품의 경우에는 다공성 구조로 흡습성이 더욱 크고 복원성도 변하게 되고 지방 함량이 많은 식품의 경우 건조상태에서 산패가능성도 높으므로 건조식품의 경우 건조 후 포장 및 저장이 매우 중요하다. 따라서 건조 후에는 진공포장하거나 산소흡수제, 탈산소제를 함께 밀봉하고 질소가스로 치환하여 밀봉하는 것이 바람직하며, 흡습을 방지하기 위해 수분이 투과되지 않는 밀봉가능한 포장재를 사용하고 건조제(염화칼슘, 5산화인, 실리카겔 등)를 함께 포장하는 것이 좋다.

2. 농축

농축은 용액으로부터 용매를 제거시켜 용액 중에 용질의 농도를 높이는 조작을 의미하며 최종제품의 상태 역시 액체이다. 일반적으로 농축은 용매를 제거하는 방식에 따라 증발농축과 냉동농축으로 나눌 수 있다. 증발농축은 가열을 통해 용매를 증발시키는 방법이고 냉동농축은 용액을 냉동시켜 생성된 얼음을 제거하여 농도를 높이는 방법이다. 연유, 가당연유, 농축 과즙 등이 대표적 농축 제품이다.

1) 농축 목적
- 건조공정에 앞서 용질성분을 분리하기 위한 전처리 공정이다.

- 잼과 같이 농축에 의해 새로운 물성과 풍미가 부여돼 상품적 가치가 높아진다.
- 수분함량과 수분활성도가 낮아지므로 제품의 보존성이 높아진다.
- 부피가 작아져 상품의 저장과 수송이 편리하다.

2) 농축방법

(1) 증발농축

태양열 농축　태양열을 이용한 농축방법으로 염전에서 소금을 분리하는 것이 대표적 예이다. 태양열 농축은 속도가 매우 느리고 한정적인 단점이 있다.

오픈케틀　오픈케틀(open kettles) 방식은 구조가 간단하여 시설비가 저렴하고 소량의 식품을 농축하는데 적합한 방식이다. 그러나 증발 속도가 낮고 고온에서 장시간 가열되므로 열변성이 높다는 단점이 있다. 젤리, 잼, 액상 농축 수프의 제조에 이용되며 대표적 예로 메이플 시럽을 들 수 있다. 메이플 시럽은 장시간 가열 공정을 통해 이루어지므로 캐러멜화에 의해 갈변이 일어나고 더불어 독특한 향미를 갖는다.

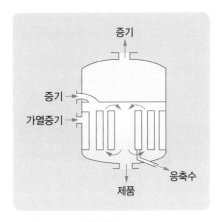

그림 4-9　오픈케틀

단관형 농축기　단관형 농축기는 농축장치의 가장 대표적인 형태이다. 관에 원료액을 넣어 가열하면 대류에 의해 원료가 순환하고 끓으면서 증기가 발생되면 발생된 증기는 증기배출구를 통해 배출된다. 이때 원료의 가열매체로 수증기가 사용된다. 이 농축 방법은 중간 정도의 점도를 가진 액체의 농축에 주로 이용된다.

(2) 동결농축

동결농축은 용액을 냉동시켜 생성된 얼음을 제거하여 농축하는 방법이다. 동결농축

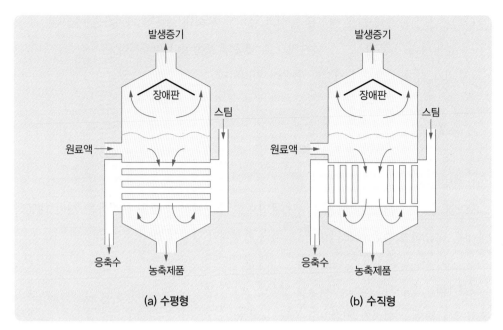

그림 4-10 단관형 농축기

(freeze concentration) 장치는 동결기에서 얼음결정을 형성시키고 탱크에서 교반 후 원심분리기를 이용해 얼음을 분리하여 농축액을 만든다. 동결농축은 저온 조작이므로 미생물 오염, 품질 열화를 방지할 수 있고, 휘발성 성분의 손실을 억제하여 고품질 제품으로

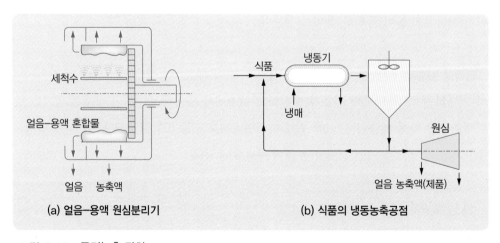

그림 4-11 동결농축 장치

농축할 수 있다는 장점이 있다. 그러나 시설비와 조작비용이 높기 때문에 오렌지주스 등 향미와 비타민이 중요한 과즙농축에 주로 사용된다.

3. 저온저장

1) 저온저장의 원리와 종류

저온저장은 식품을 저온에 보관하여 식품의 품질 열화를 방지하는 저장 방법이다. 저온저장은 온도 범위에 따라 냉장저장과 동결저장으로 나눌 수 있다. 냉장저장은 빙결점이상의 온도에서 10℃ 이내의 범위에서 저장하는 것을 의미하며, 이중 -2~2℃에서 저장하는 것은 빙온저장이라고 부른다. 동결저장은 빙결점 이하, 보통 -18℃ 이하의 저장을 의미한다.

식품의 저온 저장은 다음과 같은 효과를 얻을 수 있다.

첫째, 미생물의 생육을 억제할 수 있다. 미생물은 생육온도에 따라 호열성(35~55℃), 중온성(10~40℃), 저온성(-5~15℃)으로 나눌 수 있고 저온저장을 하면 호열성, 중온성 미생물의 생육을 억제할 수 있다. 또한 -10℃ 이하에서는 저온성 미생물도 번식하지 않으므로 미생물의 생육에 따른 식품의 부패와 변질을 방지할 수 있다. 둘째, 저온에서는 효소활성이 낮아져 수확 후 호흡, 증산, 발근 및 발아 등의 대사작용을 억제할 수 있다. 셋째, 갈변반응, 지방산화, 영양가 손실 등 반응속도가 저하되기 때문에 식품의 품질 저하를 막을 수 있다.

그러나 저온저장법은 미생물의 번식이나 식품의 화학반응속도를 늦게 하는 효과는 있으나 살균효과는 없으므로 가열이나 통조림법 같은 가공이나 저장의 효과는 없다. 표 4-1은 저장온도에 따른 식품의 저장기간을 나타냈다.

저온상태를 만드는 방법은 첫째, 얼음이 녹을 때 열을 흡수하는 융해잠열을 이용하는 방법, 둘째, 액체 암모니아가 1기압, -33℃에서 기화할 때 kg당 326kcal의 열을 흡수하는 증발잠열을 이용하는 방법이 있다. 이때 열을 흡수하여 온도를 내리는 물질을 냉매라 하고, 냉매는 암모니아 가스, 프레온 가스, 염화메틸, 탄산가스 등이 주로 사용된다. 냉매는

표 4-1 **저장온도에 따른 식품의 저장기간(일)**

식품	0℃	22℃	38℃
육류	6~10	1	1 이하
어류	2~7	1	1 이하
가금류	5~18	1	1 이하
건조육과 생선	1000 이상	350 이상	100 이상
과일	2~180	1~20	1~7
건조과일	1000 이상	350 이상	100 이상
잎채소	3~20	1~7	1~3
건조씨앗	1000 이상	350 이상	100 이상

첫째, 액화할 수 있어야 하며, 둘째, 독성이 적고 기포성이나 연소성이 없고, 셋째 금속에 대한 부식성이 없어야 한다.

냉동장치 내에서 냉매는 압축, 액화, 기화, 압축의 순서로 순환하는데 이를 냉동 사이클이라 하며 압력을 내릴 때 냉매가 기화잠열을 흡수하므로 저온을 얻을 수 있다.

2) 냉장법

(1) 냉장저장의 원리

냉장저장법은 식품을 0~10℃로 저장하므로 미생물의 생육을 억제시켜 저장성을 얻는 방법이다. 따라서 장기간 저장은 곤란하며 주로 과일과 채소류를 저장할 때 이용하고 육류 및 어패류는 단기간 저장 시에만 이용한다. 그러나 열대나 아열대 작물인 바나나와 고구마 등은 저온에서는 냉해를 일으켜 오히려 품질이 저하되므로 10℃ 이상의 온도에서 저장하는 것이 바람직하다. 또한 식품 중에는 어는점보다 낮은 온도로 저장하게 되면 얼음결정이 세포의 조직을 파괴하여 변질되는 경우도 있다.

냉장 저장기간을 최대로 유지하기 위해서는 온도와 더불어 상대습도를 조절해야 한다. 보통 냉해에 약한 과채류의 경우 10℃, 85~90%의 상대습도에서 보관하는 것이 바람직하며, 냉해에 크게 영향을 받지 않는 과채류의 경우는 동결점보다 약간 높은 0℃ 부근에서 90%의 상대습도를 유지하여 저장한다. 또한 저온창고 이용하여 여러 식품을 함께 저장하는 경우 어류, 양파와 같이 냄새가 있는 식품은 버터 등의 냄새를 흡수하는 성질을 갖는 제품과 함께 저장하는 것은 바람직하지 않다.

(2) 냉장저장방법

<u>빙장법</u> 빙장법(icing)은 융해잠열을 이용하여 저온상태를 만들어 저장하는 방법으로 식품을 가루얼음에 넣거나 얼음물에 담가 저장한다. 주로 어류의 단기저장이나 수송에 많이 이용된다.

빙장법은 저온유지를 위해 특별한 기계나 기구가 필요하지 않고 간편하다. 또한 냉각이 빠르며 식품이 얼음으로 덮여 있어서 식품 표면의 건조를 막을 수 있다. 그러나 자가소화나 세균의 작용을 완전히 저지시킬 수 없으므로 단기간 보존에만 쓸 수 있다. 또한 얼음을 사용하므로 부피나 무게가 늘어나며 얼음이 녹으면 새로운 얼음을 보충해야 하고 얼음이 무거워 식품이 손상될 수도 있는 단점이 있다.

얼음은 어종이나 크기 저장기간에 따라 사용량은 달라진다. 또한 필요한 저장온도에 따라 얼음을 만드는 방법을 달리한다. 0℃ 이하의 저장온도를 필요로 하는 경우 얼음에 소금 등의 염을 함께 얼린 염수빙을 사용한다. 얼음에 포화식염수를 얼린 경우 녹는점이 -21.2℃까지 낮아지는데 이를 공융빙(eutectic ice)이라 한다.

얼음 대신 드라이아이스를 사용하기도 하는데 드라이아이스는 기화할 때 152kcal/kg의 열을 흡수한다. 따라서 얼음의 융해잠열 80kcal에 비교하면 얼음보다 냉각력이 2배 가까이 됨을 알 수 있다. 또한 드라이아이스는 -80℃ 가까운 저온을 얻을 수 있고, 녹으면 액화가 되는 것이 아니라 바로 기화한다는 장점을 갖는다. 또 기화 시 생성된 CO_2가스는 세균 억제효과가 있어 식품의 보존성을 높여주는 효과도 있다.

<u>냉장고 사용</u> 냉장고는 가정에서 가장 흔하게 사용하는 식품저장방법이다. 냉장고는 냉기가 나오는 안쪽의 온도가 낮고 여닫게 되는 문 쪽의 온도가 높으므로 재료의 특성에 맞게 보관하는 것이 좋다. 대부분의 가정에서 사용하게 되는 식품은 냉장보관하는 것이

바람직하나 감자나 고구마 등은 냉장보관 시 오히려 맛이 저하되므로 적합하지 않다. 또한 바나나는 냉장보관 시 껍질이 검게 변한다. 식빵은 냉장보관 시 노화가 빨리 진행되므로 냉동보관하는 것이 바람직하다. 냉장고는 다양한 음식을 보관하므로 불쾌한 냄새가 만들어질 수 있으므로 사용 시 자주 닦아주는 것이 필요하다.

빙온저장법 빙온저장은 수분이 어는 온도에 가깝게 저장하는 방법으로 반동결저장이라고도 한다. 주로 육류와 어패류의 저장에 이용되는 방법으로 과채류보다 좀 더 낮은 온도에서 저장해야 하는 이들 식품의 특성에 적합하다. 빙온저장은 동결이 아니므로 동결된 식품의 해동 시 나타나는 품질의 저하가 나타나지 않는다는 장점이 있다.

(3) 냉장저장 중 품질의 변화

생물학적 변화

- 저온장해 : 열대나 아열대 지방을 원산지로 하는 채소와 과일은 냉장저장을 하는 경우 대사에 장해를 일으키는데 이것을 저온장해(chilling injury)라고 한다. 이러한 대사 장해는 과피의 변색, 육질의 고무화, 반점생성 등의 형태로 나타나는데, 바나나의 변색, 토마토의 연부현상 등이 그 예이다.
- 선도저하 : 과채류는 냉장 중에도 성숙작용이 일어나 성분의 변화와 함께 식품의 선도가 떨어지고 육류의 경우 저온에서는 자가소화작용이 너무 완만하게 진행되면서 품질이 떨어진다.
- 미생물과 효소의 작용 : 냉장 중에도 미생물의 번식을 완전히 저지시킬 수 없으므로 장기간의 냉장은 안전하지 않다. 효소 또한 반응속도는 느리지만 다소의 활력을 가지고 있으므로 주의해야 한다.

물리적 변화

- 수분증발 : 냉장 중에도 식품의 수분은 증발하여 중량감소, 위축, 연화, 변색을 일으킨다.
- 전분의 노화와 단백질의 변성 : 조리, 가공된 전분의 호화상태는 방치하면 노화되는

데 냉장온도는 전분의 노화를 촉진한다. 빙결점 이상의 저온에서 단백질은 가역적으로 변성되는데 이것은 단백질의 소수결합이 저온에서 불안정하기 때문인 것으로 생각된다. 또한 동결로 효소활성, 용해성, 점도, 겔 형성, 기포성의 변화가 일어난다. 동결에 의한 변성기구는 빙결정으로 결합수의 이탈, 농축된 무기염류에 의한 염석, 단백질의 상호접근에 의한 분자 간 결합의 형성 등을 들 수 있다.

화학적 변화
• 색과 향미의 변화 : 식물성 색소의 대부분은 저온에서도 변화한다. 엽록소는 페오피틴으로 카로티노이드와 안토시아닌은 산화되어 퇴색한다. 동물성 색소인 헤모글로빈도 산화되어 갈변한다.

3) 동결저장법

(1) 동결의 원리
동결은 식품에 함유된 수분을 모두 동결시켜 -18℃ 이하의 온도에서 저장하는 방법이다. 동결은 미생물의 성장과 증식을 억제시키고 식품의 효소 반응을 저하시키며 화학적 변화를 억제함으로써 식품의 장기 저장과 가공을 할 수 있다.

식품이 동결할 때는 먼저 수분의 동결이 일어난다. 용액의 동결은 용질이 녹아 있기 때문에 0℃보다 낮은 온도에서 얼기 시작한다. 완전한 동결은 식품의 자유수가 모두 어는 상태이며 이 때의 온도를 공정점이라 한다. 식품이 어는 온도인 동결점(빙결점)은 식품에 녹아 있는 구성성분의 종류와 양이 다르므로 식품에 따라 달라지는데, 농도가 높을수록 동결점은 낮아진다. 식품이 냉각되어 빙결점에 이르면 얼음결정이 생기는데, 이때 얼지 않은 수용액은 농도가 더 높아지고 그 결과 빙결점은 더 내려가게 되다. 온도를 계속 낮추면 얼음 결정은 많아지게 되고 더불어 얼지 않은 수용액의 농도는 더욱 높아진다. 일반적으로 식품의 공정점은 -50℃에 이른다.

(2) 냉동곡선

냉동곡선은 식품을 동결시킬 때 시간에 따라 식품 내부의 온도의 변화를 나타낸 곡선을 의미하며 동결곡선이라고도 한다. 식품을 동결시키면 빙결점이 생성된다. 대부분의 식품은 -1~-5℃에서 동결이 시작되는데 이 구간에서는 시간이 경과해도 식품의 온도는 거의 내려가지 않으며 이 기간 식품은 응고잠열을 외부로 방출한다. 식품은 빙결점에서 -5℃ 사이에 얼음결정이 가장 많이 생성되어 이 구간을 가리켜 최대빙결정생성대라고 한

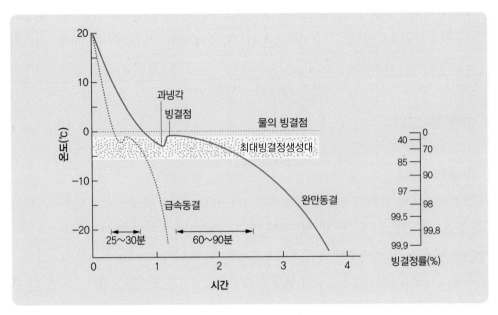

그림 4-12 식품의 동결곡선

표 4-2 **급속동결과 완만동결의 차이**

차이점	급속동결	완만동결
최대빙결정생성대 통과시간	25~35분	35분 이상
얼음결정	결정의 크기가 작고 다수 생성	결정의 크기가 크고 소수 생성
세포의 조직 영향	원형 유지 가능	조직이 파괴됨
드립	드립이 거의 없음	드립이 많음

다. 식품은 최대빙결정생성대를 통과하는 속도에 따라 얼음결정의 수와 크기 등이 달라지는데, 최대빙결정생성대 통과시간이 짧은 급속동결의 경우 미세한 얼음결정이 많이 생기고 통과시간이 긴 완만동결의 경우 큰 얼음결정이 소수 생긴다. 미세한 얼음결정은 조직의 파괴가 적으나 큰 얼음결정이 생성되는 경우 식품조직을 손상시키고 단백질을 변성시켜 식품의 품질이 저하된다.

(3) 냉동방법

__공기동결법__   공기동결법은 자연순환식 냉동법과 강제순환식 냉동법이 있는데, 자연순환식 냉동법은 -18~-40℃로 냉각된 냉동실에 식품을 보관하며 동결시키는 방법이다. 자연순환식은 냉동효율이 높지 않아 소규모로 주로 사용된다. 강제순환식 냉동법은 냉각된 공기를 고속으로 불어넣어 식품을 동결시키는 방법으로 급속동결이 가능하며, 식품냉동에 가장 많이 이용되는 방법이다.

__침지동결법__   침지동결법(brine freezing)은 저온으로 냉각된 부동액이나 염수에 식품을 침지시켜 동결하는 방법이다. 이때 사용되는 액체는 독성이 없고 점도가 낮은 것이 좋다. 침지식은 열전도가 빨라 급속냉동을 할 수 있는 장점이 있으나, 냉매로 인해 식품이 오염될 가능성이 있으므로 방습성의 포장재를 이용하여 포장하여 적용시켜야 하는 단점이 있다.

__심온동결법__   심온동결법(cryogenic freezing)은 액체질소나 고체 이산화탄소 등을 식품에 분무하거나 침지하여 급속동결하는 방법이다. 액체질소의 경우 기화온도가 -196℃로 매우 낮으므로 일반적 급속동결보다 동결속도가 10배 이상 빠른 장점이 있다. 그러나 비용이 높다는 단점이 있다.

__접촉동결법(금속판접촉법)__   열전도도가 높은 금속판을 냉매로 냉각시켜 놓고 여기에 식품을 끼워 넣어 동결시키는 방법이다. 아이스크림이나 수산물의 동결에 주로 이용된다.

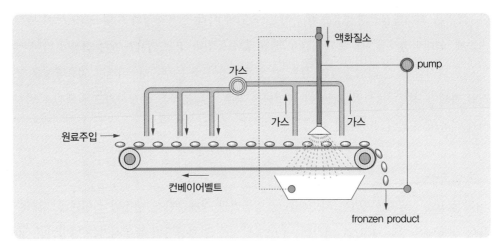

그림 4-13 액체 질소를 이용한 냉동장치

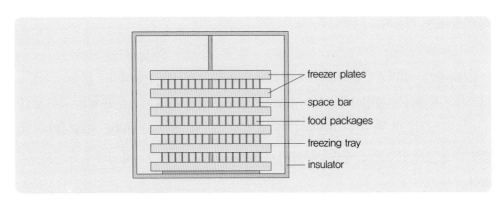

그림 4-14 접촉식 냉동기

유동층동결법 유동층동결법(fluidized-bed freezing)은 식품을 벨트 위에 올려놓고 이동하면서 냉동장치를 통과하는 동안에 동결되도록 하는 장점이 있다.

프리즈 플로 저장법 동결식품은 장기간 보존할 수 있는 장점이 있으나 반드시 해동과정이 필요한 식품이다. 이러한 단점을 보완하기 위해 미국의 리치 사(Rich Product)가 중간수분식품과 냉동식품을 조합한 저장법을 개발하였는데 이를 프리즈 플로 저장법이라 한다. 프리즈 플로는 용질을 이용하여 식품 중의 자유수 함량을 낮춰 수분활성도를 감소시키므로 미생물의 생육 억제와 동시에 어는점을 내린 제품이다. 따라서 냉동식품과 같이 저온이나 동결되지 않는 특성을 나타내 '동결되지 않은 동결식품'으로 불린다.

(4) 동결 저장 중 품질의 변화

동결식품의 저장 중 온도의 변화는 품질을 변화시키는 요인이 된다. 동결식품을 저장하기 위해 가능한 한 낮은 온도를 유지하는 것이 바람직하나 비용을 고려할 때 일반적으로 -18~-20℃가 바람직하다고 알려져 있다. 그러나 저장 중 저장실의 온도변화가 발생하게 되면 얼음결정이 재결정화되는 현상이 일어날 수 있다. 이때 얼음이 승화되면 식품의 구조가 다공성 구조가 되어 건조층이 생기는 냉동화상 현상이 나타날 수 있으며 이로 인해 식품이 변색이 나타나고 향미와 영양가가 변화될 수 있다. 이러한 냉동해를 막기 위해 저장실의 상대습도를 높이고 어류에는 빙의(ice glaze)를 입히고 물 분자를 투과하지 않는 재료로 포장하는 것이 바람직하다.

(5) 냉동식품의 해동

<u>해동원리</u> 해동은 냉동된 식품을 조리하거나 식용하기 위해 생성된 얼음결정을 녹이는 것을 의미한다. 냉동식품을 행동할 때는 융해잠열을 이동하게 되는데, 냉동의 경우 융해잠열이 동결 부위를 통해 전도에 의해 공급되어야 한다. 이 때 해동 시에 생성된 물은 열전도도가 낮은 반면, 동결 과정에서 생성되는 얼음층은 열전달이 가속화되기 때문에 냉동식품의 해동에 소요되는 시간은 식품을 냉동시키는데 소요된 시간보다 길다.

이러한 냉동속도와 해동속도의 차이는 수분함량이 많은 채소와 과일류는 현저하게 나타나나, 수분함량이 낮은 육류의 경우 차이가 크게 나타나지 않는다.

<u>해동방법</u> 해동방법은 송풍해동, 접촉해동, 전기해동 등이 있으며 모든 해동법의 공통된 해동 조건은 다음과 같다.
- 내외 온도 차에 의한 식품의 품질변화를 적게 할 것
- 텍스처의 변화를 적게 할 것
- 드립을 최소화할 것

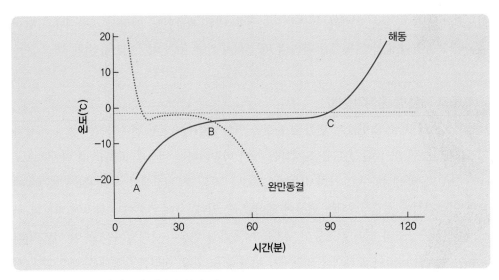

그림 4-15 식품의 냉동과 해동 곡선의 비교

– 단백질의 변성이 적을 것

– 해동 중 세균의 번식이 적을 것

– 선도 저하를 방지할 것

• 송풍해동법 : 먼저 송풍해동은 20℃의 공기를 1000ft/min.의 속도로 송풍하여 해동하거나 감압 하에서 20℃ 온수를 1ft/min.의 속도로 흐르게 하여 해동시킨다. 실온에서 해동시킬 경우 식품 내외의 온도차가 커서 변색, 건조, 미생물의 성장우려가 있다. 저온해동은 시간은 오래 걸리지만 위의 문제점을 해결할 수 있는 바람직한 방법이다. 상온의 물이나 소금물은 해동속도가 빠르다. 작은 포장의 육류와 어류는 조리와 해동을 동시에 하기도 한다.

• 접촉해동법 : 냉동장치 중에 있는 응축기의 냉각수를 이용하여 해동하는 방법이다.

• 전기해동법 : 10~100M 사이클(cycle)의 유전체(dielectric) 또는 마이크로파(micro-wave)에 의한 방법으로 빠르고 균일하게 해동된다.

CHAPTER / 05

식품저장원리 2

가열살균과
기타 저장원리

식품저장원리 2: 가열살균과 기타 저장원리

1. 가열

1) 가열의 원리

열의 본체는 에너지로 칼로리(cal) 단위를 주로 쓰며, 1칼로리는 물 1g을 14.5℃에서 15.5℃로 올리는 데 필요한 열에너지의 양을 말한다. 또 어떤 물질에 열을 가해 온도가 올라갈 경우의 열을 현열(sensible heat), 가열해도 온도의 변화가 없는 것을 잠열(latent heat)이라고 한다. 물질이 고체상태에서 액체상태로 변할 때 소요되는 잠열은 융해열, 그 반대는 응고열, 액체상태의 물질이 온도의 변화없이 기체상태로 변할 때의 잠열을 기화열, 그 반대를 응축열이라고 한다.

0℃의 얼음이 100℃의 수증기로 변화할 때에 흡수되거나 발산되는 칼로리의 변화를 보면 그림 5-1과 같다.

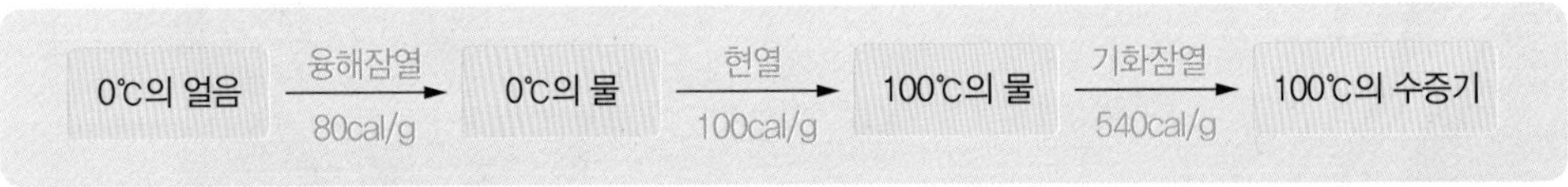

| 0℃의 얼음 | 융해잠열 80cal/g | 0℃의 물 | 현열 100cal/g | 100℃의 물 | 기화잠열 540cal/g | 100℃의 수증기 |

그림 5-1 　열에 따른 상태 변화

식품에 열이 전달되는 현상은 에너지 전달 현상인데 두 물질 간의 온도차가 클수록 열전달 속도가 커진다. 이러한 열전달은 고온에서 저온으로 열이 이동하며 식품재료의 종류, 모양, 크기, 성분조성, 전달매체의 종류에 따라 달라진다. 식품가공에서 열은 다양한 열전달기작에 의해 전달된다. 그 원리는 전도(conduction), 대류(convection), 복사(radiation) 등인데 가공 시 어떤 원리를 적용할지는 사용될 식품재료의 종류 등 여러 가지 요건을 고려하여 결정하여야 한다.

(1) 전도

전도는 물질의 개개 분자가 가지고 있는 운동에너지가 차차 인접한 분자로 직접 전달되는 현상으로 그 분자 자신은 진동만 하고 실제 이동하지는 않는다. 열은 고온의 물질로부터 저온의 물질로 흐르며, 그 흐름은 항상 온도감소 방향으로 진행된다.

열전도도는 한 물질의 열전달 특징을 나타내는 지표인데, 식품의 다공성, 조직, 화학성분, 상의 변화, 온도, 압력 등에 따라 달라진다. 표 5-1은 열전도를 좌우하는 인자와 각 인자에 따라 열전도도가 다른 것을 나타냈는데, 예를 들어 용질의 농도가 낮을수록 높은 농도에 비해 열전도도가 크다.

(2) 대류

대류는 액체분자가 이동하여 혼합함으로써 열전달이 일어나는 현상이다. 액체나 기체에 열을 가하면 전도보다 빨리 열이 모든 곳에 전달된다. 자연대류의 경우 액체에서 대류

표 5-1 **열전도에 영향을 미치는 인자**

인자	열전도도
다공성	다공성 고체 〉 미세한 분말고체
물, 공기, 지방	물 〉 지방 〉 공기
상의 변화	냉동 〉 액상
압력	높은 압력 〉 낮은 압력
용질의 농도	낮은 농도 〉 높은 농도

가 일어나는 이유는 액체 내의 온도 차이로 인한 밀도 차로 부력이 달라지기 때문이다. 즉 열을 받아 뜨거워진 것은 밀도가 작아져 가벼워서 위로 올라가게 되고 상대적으로 무거운 찬 액체는 밑으로 내려오게 된다. 이것은 가열되어 또 가벼워져 위로 올라가는 과정을 반복하며, 액체는 전체적으로 따뜻해지게 된다. 강제대류의 경우는 자연대류보다 더 빨리 온도분포가 균일해진다.

(3) 복사

모든 물체는 절대 영도가 아닌 한 온도에 따라 그 표면에서부터 모든 방향으로 열에너지를 전자파로 복사한다. 이 에너지 공간을 통과해서 물체에 도달하는 일부는 물체에 흡수되는데 이것은 물체의 온도를 높인다. 이것이 복사현상이다.

복사는 열전달 매체 없이 고온의 물체에서 저온의 물체로 열이 직접 이동하는 현상이다. 이 중에서 흡수된 양만이 열로 바뀌고 반사 또는 투과된 복사선도 다른 흡수체에 도달하면 열로 변화한다. 만약 어떤 식품의 표면이 그곳에 가해진 모든 복사선을 투과나 반사없이 모두 흡수한다고 하면 흡수율은 1이 되며, 대표적인 예가 검은색 식품이다.

2) 냉점

포장식품에서 대류나 전도의 열이 가장 늦게 도달하는 부분을 냉점(cold point)이라고 한다(그림 5-2). 통조림의 살균에서 냉점이 살균되지 않고 남아 있으면 완전 살균되지 않은 것이므로 특히 주의해야 한다. 통조림의 최적 살균 조건은 내용물의 성질, 내부 세균의 형태와 수, 내열성미생물의 치사시간 등에 의해 결정된다.

3) 살균효과

가열살균효과는 수분 여하에 따라 다른데 수분이 열전달 매체인 습열은 공기가 열전달 매체인 건열보다 가열효과가 크다. 습열은 균의 세포 내 단백질을 응고시키고, 건열은 세균의 산화에 영향을 미치는 것으로 알려져 있다. 가열온도와 압력도 가열효과에 영향을 미치는 요소이다.

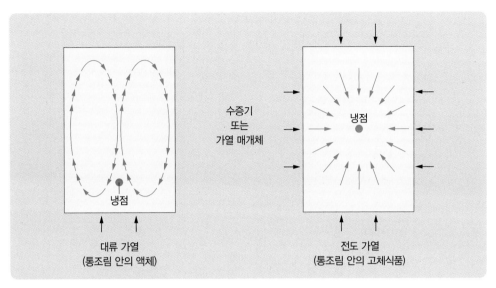

그림 5-2 액체식품과 고체식품의 냉점의 위치

4) 미생물의 가열치사곡선

가열에 의한 미생물의 살균력은 온도에 의존한다. 가열시간과 생존 포자 수의 관계를 나타낸 그래프를 사멸곡선이라 한다.

(1) 가열치사곡선

일정한 온도에서 미생물이 사멸하는 시간을 나타내는 대수그래프를 가열치사곡선 (TDT curve)이라 한다. 가열치사시간은 주어진 온도에서 포자 수가 $1/10^{12}$로 감소되었을 때의 시간을 말한다.

(2) D값

일정한 온도에서 균의 수를 90% 사멸시키는 데 소요되는 시간을 D값이라고 한다. D 값은 온도에 따라 달라지므로 반드시 온도를 표시해 준다. 예를 들어 100℃에서 처음 균수의 90%가 사멸하는 시간이 10분이 걸렸다면 $D_{100℃}$=10이 된다.

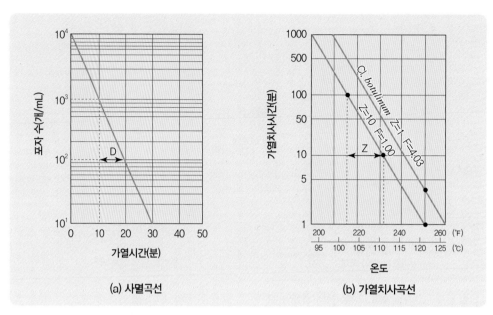

그림 5-3 미생물의 사멸곡선과 가열치사곡선

(3) F값

일정온도(온도표시가 없을 경우 121℃ 또는 250°F)에서 일정농도의 미생물을 완전히 사멸시키는데 필요한 시간을 F값이라고 한다. 이 값은 TDT곡선에서 찾아낼 수 있다(그림 5-3).

(4) Z값

Z값은 가열치사시간의 1/10에 대응하는 가열온도의 변화를 나타내는 값이다. 즉, Z=10이면 살균시간을 1/10로 감소시키려면 온도를 10℃만큼 높여야 한다. 표 5-2는 가열처리 용어를 요약한 것이다.

> **D값이 10인 세균과 D값이 50인 세균 중 내열성이 큰 것은?**
>
> D값이 50인 세균이 열에 잘 견딘다. 따라서 미생물의 D값을 알면 얼마나 열을 가하면 세균이 사멸할 수 있을지를 알 수 있으므로 미생물의 사멸을 위해 사용하는 에너지를 효과적으로 절약할 수 있다.

표 5-2 가열처리 용어

용어	정의	표시(예)	설명
D값	일정한 온도에서 미생물을 90% 감소(사멸시키는 데 필요한 시간	$D_{110℃}=10$분	110℃에서 미생물을 90% 사멸시키는 데 필요한 시간은 10분이다.
Z값	가열치사시간을 90% 단축하는 데 따른 상승온도	$Z=10℃$	온도가 10℃ 상승하면 사멸시간이 90% 단축된다.
F값	일정 온도에서 미생물을 100% 사멸시키는 데 필요한 시간	$F_{110℃}=8$분	110℃에서 미생물을 모두 죽이는 데 걸리는 시간은 8분이다.
F_0값	250℉(121℃)에서 미생물을 100% 사멸시키는 데 필요한 시간	$F_{250℉}=8$분	250℉에서 미생물을 모두 죽이는 데 걸리는 시간은 8분이다.

5) 내열성에 영향을 미치는 인자

(1) pH

미생물은 특정한 식품 내에서 존재를 달리한다. 새우, 게, 알칼리 가공한 콩, 오래 묵은 달걀 같은 알칼리 식품은 세균이 잘 생육할 수 있으므로 주의해야 한다.

pH 7 정도인 달걀, 굴, 우유, 옥수수, 육류와 pH 6인 소금절임 쇠고기, 완두, 아스파라거스, 감자와 pH 5인 무화과와 토마토 수프도 세균증식이 비교적 쉽다. 이들은 116~121℃에서 고온살균해야 한다. 감자샐러드나 토마토, 배, 살구, 오렌지, 파인애플, 사과, 딸기 같은 식품은 pH 3.7 정도이며 pH 3 정도인 소금절임, 초절임식품은 강산성식품으로 끓는 물로 가열살균하면 된다. 즉 식품은 산도가 낮을수록(pH가 높을수록) 살균조건이 커진다.

(2) 미생물

미생물의 종류에 따라 내열성은 다르지만(표 5-3), 미생물의 영양세포는 100℃ 정도에서 쉽게 사멸할 수 있다. 그러나 포자의 경우 내열성이 높고 포자의 농도가 높을수록 내

표 5-3 **미생물의 내열성**

미생물	내열성		미생물	내열성	
	온도(℃)	시간(분)		온도(℃)	시간(분)
B. cereus	53	4	*Pediococcus cerevisiae*	60	8
B. subtilis	53	4~12	*Asp. niger*	60	10
B. mesentericus	53	22	*Sacch. cerevisiae*	60	10
Ps. fluorescens	53	25	*Staph. aureus*	60	15
A. zylinum	55	10	*Strept. thermophilus*	70~75	5
Can. utilis	55	10	*Lac. bulgaricus*	71	30
Sal. typhi	60	5	*Cl. sporogenes*	105	12
E. coli	60	5~30	*Cl. botulinum*	105	35

열성도 높아진다. 이러한 포자의 내열성에 영향을 주는 것이 pH이다. pH가 중성일수록 가장 내열성이 크고 pH가 낮은 식품은 비교적 살균이 쉽다.

또한 소금은 4%까지는 포자의 내열성을 보호하는데 8% 이상에서는 내열성을 감소시킨다. 소금은 미생물의 영양세포의 생육도 억제하는 효과가 있다.

전분은 간접적으로 포자의 내열성을 향상시키며 단백질과 지방도 내열성을 보호하는 작용을 한다.

(3) 효소

살균과정에서 세균은 멸균되었더라도 효소는 불활성화되지 못하고 남아 있다면 식품을 안전하게 저장할 수 없다. 효소의 활성은 온도가 10℃ 상승하면 효소반응은 1.4~2배 정도 증가한다. 즉 Q_{10} = 1.4~2이다. 그러나 온도가 높아지면 효소는 불활성화되고, 80℃로 가열하면 단시간 내 불활성화된다.

효소가 산성식품의 변패에 관여하는 일이 있는데 피클의 과산화효소는 85℃에서도 활성을 가지므로 효소의 파괴를 위해 식초를 첨가하면 좋다. 토마토 통조림의 효소는 통조림제조 후에도 내열성을 가지고 양배추의 과산화효소도 가열 후에 활성을 회복하는 것으로 알려졌다.

따라서 보통의 가열조건으로 효소의 활성이 남아 있을 수 있으므로 효소를 불활성화시키는 것을 최종목표로 가열조건을 잡기도 한다.

6) 식품의 가열 살균법

식품을 살균할 때는 그 식품의 특성, 요구되는 보존성, 포장형태와 수량을 고려하여 방법을 택해야 한다.

(1) 상업적 살균법

이 방법은 영양가의 손실이나 기호적인 손실을 막고 품질을 좋게 하는 살균법이다. 통조림의 가열살균은 반드시 완전살균할 필요가 없으므로 위생상 유해하다고 생각되는 세균을 대상으로 가열하고 보통 산성의 과일통조림에 많이 이용된다. 70℃ 이상에서 100℃ 이하의 온도를 사용한다. 상업적 살균을 할 때는 식품재료의 종류, 상태, 성질, pH, 가열 후 저장법, 미생물과 포자의 내열성 정도, 산소용해도 등 많은 가열조건들을 고려해야 한다. 보통 미생물의 오염도가 클수록, 내열성이 클수록 가열시간은 길고 온도는 높아야 한다.

(2) 저온 장시간 살균법

저온살균법(LTLT, Low Temperature Long Time)은 1864년 파스퇴르가 포도주의 이상발효를 방지하기 위해 고안한 것으로 살균은 포자파괴까지를 목표로 하지만 저온살균은 균체와 효모, 곰팡이 포자의 파괴를 목적으로 하므로 저온살균의 목적은 병원성미생물과 비내열성 부패미생물의 사멸이며, 부패미생물 전체가 사멸되는 것은 아니다. 따라서 저온처리가 끝나면 병원성미생물은 존재하지 않지만, 내열성 부패미생물은 일부가 존재하므로 냉동처리, 방부제 첨가, 포장 시 산소 제거 등으로 살균효과를 높이고 있다. 우유의 경우 63~65℃에서 30분 살균한다.

(3) 고온 순간살균법

보통 HTST(High Temperature Short Time)라고 하며 비교적 높은 온도에서 단시간 살균하는 방법이다. 우유의 경우 72~75℃에서 15~20초 살균한다.

(4) 초고온 순간살균법

이 방법은 신선함과 영양소의 보존이 우선시되는 식품의 살균을 목적으로 개발된 것으로 75℃에서 15초 처리하면, 미생물의 살균과 품질변화를 줄이는 두 가지 목적을 이룰 수 있다. 이 방법은 더욱 발전해 초고온순간살균법(UHT, Ultra High Temperature heating method)이라 하여 130~150℃에서 0.5~5초로 우유살균에 이용되고 있다.

(5) 증기살균법과 건열살균법

증기살균법은 코흐(Koch) 살균솥을 이용하여 물이 끓어서 수증기가 발생할 때 내용물을 넣고 밀폐시켜 100℃로 상승한 후부터 30분 살균한다. 그러나 내열성포자는 1기압 이상에서 100℃ 이상으로 처리해야 한다.

건열살균법은 공기를 가열시켜 미생물을 살균하는 방법으로 140~160℃에서 30~60분 정도 건열기에서 가열시킨다.

(6) 순간살균법과 간헐살균법

순간살균법은 주로 액체식품을 순간적으로 살균하는 방법으로 70~80℃에서 3~5초 처리하거나, 100~150℃로 0.5~2초 처리하는 방법이 있다. 예를 들면 실온에서 유통되는 과일이나 채소주스가 여기에 속한다.

간헐살균법은 내열성균의 완전살균을 위해 100℃에서 30분 살균시킨 후 30℃의 항온기에 1일 두면 포자가 발아하여 영양세포가 되고, 이것을 다시 100℃에서 살균한다. 이 과정을 3회 반복하면 균이 완전 살균된다.

(7) 비가열살균 : 적외선, 자외선, 방사선, 전자선 살균법

비가열살균은 태양과 인공자외선을 이용하거나 인공적외선, 방사선 동위원소나 인공적 β선을 이용하여 살균하는 방법이다. 자외선 살균은 살균 후 식품에 거의 변화가 없고 간단히 적용할 수 있는 장점이 있고 공기살균에 적합하다. 그러나 공기나 물 이외는 표면에 직접 조사된 부분의 살균에 국한하며 안전상 다소 주의가 필요하다. 방사선 살균은 Co^{60}, Cs^{137}의 γ선을 사용하는데, 살균효과가 양호하지만 설비비가 높고 안전대책이 어려운 문제가 있다. 전자선은 고속전자선을 이용하는 것으로 고속라인 처리가 가능하고 조사를 제어할 수 있는 장점이 있으나 투과에 한도가 있고 설비비가 높은 문제점이 있다.

(8) 극초단파살균법

이 방법은 식품에 극초단파를 단시간 쪼여 가열시키는 방법으로 전자레인지에 장치된 마그네트론에서 발생되는 2450MHz의 극초단파를 조사하면 전파에너지가 열에너지로 바뀌어 발열하는 것이다. 가열속도가 빠르고 가열이 균일하며, 영양소의 파괴가 적고 열손상이 최소이면서 취급이 쉬운 장점이 있다.

살균과 멸균

- 살균은 포자파괴까지를 대상으로 하며 생존 미생물을 사멸시키는 것을 말한다. 그러나 완전살균은 식품의 변화를 초래하므로 상업적 살균을 하게 된다. 저온살균의 경우 주요 목적은 병원성미생물의 사멸이며 부패 미생물 전체가 사멸되는 것은 아니다.
- 멸균은 무균상태를 의미한다. 실제 멸균은 생세포의 완전한 사멸과 포자의 사멸이 모두 이루어졌을 때 사용하는 용어이다.

---

7) 가열살균 시 식품의 변화

안정성과 저장성을 확보하기 위해 식품을 가열하지만 이로 인해 식품의 색과 향미, 조직과 영양가의 변화가 초래된다.

(1) 색의 변화

보통 채소나 과일을 가열하면 원래의 색을 잃고 퇴색되거나 착색된다. 특히 가열 중에는 마이야르 반응과 캐러멜화 반응 같은 갈변화 반응이 일어난다. 갈변화에 의한 영향을 최소화하는 방법은 고온에서 단시간 가열하는 것이다. 이 방법은 저온에서 장시간 가열하는 것보다 좋은 결과를 준다.

(2) 향미와 조직의 변화

식품은 가열하면 휘발성 물질의 휘발과 화학반응으로 인해 새로운 물질이 합성되고, 이로 인해 원래의 식품의 향미성분이 변화된다. 육류를 비롯한 동물성 식품과 콩류는 가열로 향미가 좋아질 수 있다.

조직의 변화는 가열로 인해 식품이 변화되는 가장 큰 영향이라고 할 수 있다. 특히 과일이나 채소의 조직은 가열로 인해 특유의 팽압(turgor)이 소실된다. 젤라틴이나 펙틴은 가열로 젤 형성 능력이 약해져 젤을 만들지 못하기도 한다.

(3) 탄수화물·단백질·유지·비타민의 변화

가열을 하면 탄수화물 중 당분은 캐러멜화로 갈변이 일어나거나, 아미노산과 반응하여 (마이야르 반응) 갈색 물질을 만든다. 마이야르 반응으로 갈변이 일어나기도 한다. 단백질은 가열로 변성되고 또 지나치게 가열된 단백질은 단백분해효소에 의해 쉽게 분해되지 않는다. 유지는 가열에 특히 예민하게 반응하여 가수분해적 산패와 산화적 산패에 모두 영향을 준다. 유지의 산화속도는 온도가 10℃ 증가하면 약 2배 증가하므로 가열은 유지에 심각한 영향을 미친다. 이 때 금속이나 광선이 있으면 산화는 촉진된다. 그러나 유지는 산소가 없을 경우에는 습열에 대해 안전하다. 티아민은 열에 약하고 리보플라빈은 열에는 안전하나 광선에 예민하여 리보플라빈이 들어 있는 식품은 투명유리병에 보관하는 것을 피해야 한다. 아스코르브산은 저온에서 장기간 가열하면 파괴되는데 산소, 구리이온, 산화효소에 의해 가속화된다.

2. 통조림과 병조림

1) 제조원리

식품을 상온에 저장하면 미생물이 번식하여 부패하게 된다. 부패의 원인이 되는 미생물 중 곰팡이와 효모는 100℃ 이하의 가열처리로도 비교적 짧은 시간에 죽지만, 포자를 형성할 수 있는 세균류는 내열성이 높아 열처리로 살균하기 어렵다. 따라서 통조림, 병조림으로 공기를 빼 열처리를 하면 세균의 포자가 남아 있더라도 저장조건에 의하여 발아하지 못하므로 통조림 속의 식품은 부패되지 않는다. 이와 같은 원리를 이용하여 살균으로 내부의 미생물을 완전히 죽이거나 또는 그 수를 줄일 뿐 아니라, pH나 혐기적 조건 등에 의해 남아 있는 세균도 생육하지 못하게 한다.

2) 통·병조림의 용기

(1) 유리병

유리병은 병조림에 사용되는 용기로 투명하여 내용물을 판별할 수 있고 식품과 반응하지 않으며 중금속의 용출이 없고 재활용이 가능한 장점이 있다. 주로 과채류의 가공식품에 이용되며 입구의 크기에 따라 입이 넓은 광구병과 좁은 세구병이 있다. 광구병은 과

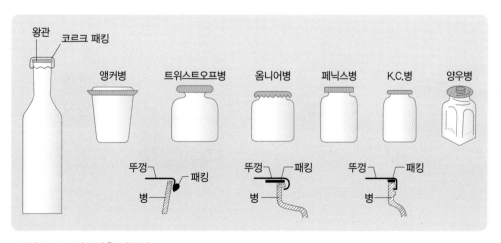

그림 5-4 병조림용 병뚜껑

일, 채소와 같이 큰 원료나 반고체 식품에 사용하고, 세구병은 액체식품에 사용한다. 병은 모양에 따라 왕관병, 앵커(anchor cap)병, 페닉스(phenix)병, 양우병, K.C.병 등으로 나눌 수 있다(그림 5-4). 마개는 밀봉형과 돌려서 막는 스크루식이 있고, 마개의 재료는 코르크, 함석, 알루미늄, 플라스틱 등을 사용한다.

(2) 통조림관

통조림관은 유리병과는 달리 내용물을 식별할 수 없다. 통조림 용기에는 철판에 주석을 도금한 주석관, 크롬이나 니켈을 도금한 TFS관, 알루미늄관 등이 있다. 그중에 함석캔(주석캔, tin plate can)이 가장 많이 쓰이는데, 함석통에 크롬 또는 니켈을 도금한 TFS(tin free steel)통은 생선, 과자, 탄산음료 통조림에 사용한다. 알루미늄 캔은 소금이 함유된 식품에는 적합하지 않고, 맥주나 탄산음료와 같이 팽창하기 쉬운 통조림에 쓰인다.

형태별로는 투피스캔(two piece can), 스리피스캔(three piece can)으로 구분한다.

통조림통은 고온에서 견딜 수 있고 내압 등 물리적 강도가 크고 밀봉이 가능하여야 한다. 형태는 원형, 타원형, 사각형이 있다. 타발관은 맥주 캔처럼 뚜껑에 미리 홈을 내고 손잡이를 만들어 놓은 관이다.

통조림 용기 내면에는 유성도료나 에나멜 수지를 사용하여 용기와 내용물 사이의 화학반응을 방지한다. 유성도료는 내산성이 강하여 과채류 등의 통조림에 이용되고, 에나멜

| 주석캔 | 알루미늄캔 | 투피스캔 | 스리피스캔 |

그림 5-5 통조림통의 종류

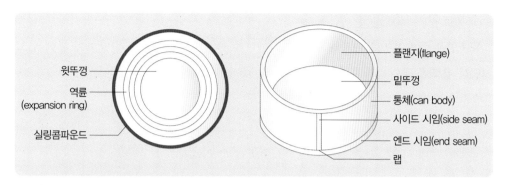

그림 5-6 이중권체통의 명칭

수지는 유색과실 보존, 유황함유 식품의 흑변 방지 등의 목적으로 다양한 종류가 이용되고 있다. 밀봉방법은 땜을 한 것과 이중권체를 한 것이 있다.

3) 통조림관의 표시

통조림은 뚜껑 위에 기호를 3단으로 찍는다. 기호는 통조림에 따라 다르며, 고유 기호가 200여 종 이상 정해져 있다.

제1단인 상단에는 내용물의 품종, 조리방법, 형태 등을 표시한다. 처음의 두 문자는 품종, 셋째 문자는 가공조리방법, 넷째 문자는 대소 및 내부 상태를 표시한다. 예를 들어, OY SO는 굴(OY)의 훈제기름담금 통조림(SO)임을 의미한다. 제2단인 중단에는 제조업자를 표기하고, 제3단인 하단에는 제조연월일을 표기한다. 첫 번째 숫자는 제조연도의 끝 숫자이고, 두 번째는 제조한 월, 마지막 두 숫자는 제조일이다. 예를 들어 1D28의 경우 2001년의 1, 12월(December)의 D, 28일의 28로 표시한다. 1~9까지는 01~09로, 10일 이후는 날짜를 숫자로 쓴다. 현재는 소비자들이 쉽게 알 수 있도록 하기 위해 이런 복잡한 표시를 하지 않고 "2014.03.31.까지" 형태로 표시하고 있다.

현재는 바코드를 많이 사용하고 있다.

그림 5-7 통조림의 바코드

4) 통조림의 제조공정

통조림은 일반적으로 아래와 같이 조리한 원료를 일단 열탕 혹은 중탕하여 통에 담고 적당한 용액을 주입시킨 후 탈기, 밀봉, 살균, 냉각하여 제품화한다.

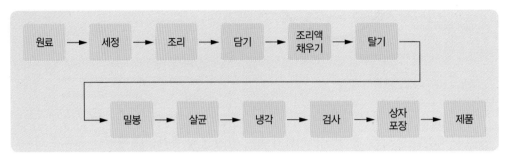

그림 5-8　통조림의 제조공정

(1) 데치기와 내용물 채우기

데치기는 통조림을 하기 전에 82~93℃ 사이의 뜨거운 물이나 수증기 안에 식품을 잠시 노출시켰다가 곧 냉각하는 전처리 방법이다. 데치기의 목적은 식품을 수축시켜 통에 잘 충진되도록 하고, 열처리 중 발생하는 세포 내의 호흡가스를 미리 제거하며, 효소작용을 억제하여 식품의 외관이나 영양가에 대한 영향을 방지하기 위함이다.

식품을 충진할 때는 용기를 청결히 한 후 내용물의 형태(액체 또는 고체 등)에 따라 정확한 양을 담아야 한다. 액상 내용물은 시럽, 소금물 또는 설탕물 등이며, 소금물은 열전달을 좋게 하고 삼투압에 의해 식품보존과 갈변방지에 도움이 된다. 점성 내용물은 어류나 육류 페이스트 및 퓌레 등이며 이들이 함유한 공기가 열전달을 감소시키고 내압을 높이며 내용물이 불균일하게 담기게 되므로 채우기 전 식품의 예비 진공으로 이를 최소화시켜야 한다. 통조림 식품을 채우는 것은 기계적 또는 수동적으로 이루어지므로 총중량이나 식품의 형태를 고려하여 세심하게 조절하여야 한다.

(2) 탈기

식품 중에 함유되어 있는 가스와 용기 내에 들어 있는 공기를 제거하는 조작을 탈기

(exhausting)라고 하며 내용물을 채운 후 이루어지는 공정이다.

탈기의 목적

- 열처리 중 내용물의 팽창에 의해 통이 변형되고 권체(seaming) 부위가 파손되는 것을 방지하기 위하여 관내의 내압을 낮게 한다.
- 산소 농도를 낮춤으로써 내용물의 화학적 변화를 감소시키고 관 내면의 부식을 억제한다.
- 유리 산소량의 감소로 호기성 세균의 발육을 억제한다.
- 뚜껑과 밑바닥을 오목하게 만들어 변패관의 검출을 용이하게 한다.
- 내용물의 향미, 색깔, 영양가의 손실을 방지한다. 산화로 인한 퇴색, 지방산의 산화, 비타민 등 영양가의 변질과 파괴를 방지할 수 있다.

탈기의 방법

- 가열탈기법 : 뜨거운 내용물을 관내에 넣고 곧 밀봉하거나, 탈기상자를 이용하여 탈기한다. 내용물의 가열팽창 후 냉각 시에 수축으로 인한 진공도를 이용하는 것으로 내용물에 함유되어 있던 공기와 주입액에 용해되어 있던 공기가 제거되고 헤드스페이스의 공기도 팽창, 제거된다.
- 진공탈기법 : 육류, 어류 등 고형식품의 통조림 제조에 많이 이용되는 방법으로 감압하에서 밀봉조작도 겸할 수 있다. 소요면적이 적게 들고 증기가 절약되어 고능률로 대량 처리가 가능하며 가열에 의한 나쁜 영향도 줄일 수 있다. 또한 위생적인 처리가 가능한 장점이 있다. 그러나 액즙이 많고 용해된 기체가 많은 식품의 경우 내용물이 분출할 우려가 있으므로 내용물 중의 기체를 제거한 다음 진공에서 시럽을 가하고 진공 밀봉하여야 한다.
- 수증기분사법 : 헤드스페이스 중의 공기를 수증기 분사로 대체함으로써 내부의 진공을 얻는 방법이다. 용해된 공기가 적은 고체 또는 반액상의 식품에 이용한다.

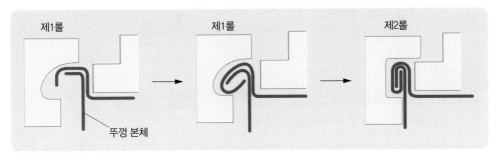

제1롤　　　　　　　제1롤　　　　　　　제2롤

뚜껑 본체

그림 5-9　통조림 권체의 원리

(3) 밀봉

통조림 용기의 충진, 탈기가 끝난 다음 미생물이나 공기의 접촉을 방지하고 식품을 안전하게 보존하기 위하여 밀봉한다. 밀봉기의 주요 부분은 뚜껑을 위에서 눌러 고정시키는 척과 회전하면서 뚜껑과 관을 밀착시키는 롤 및 깡통을 올려주는 리프터로 구성되어 있다. 롤에는 제1롤이 통의 상부와 뚜껑의 주변을 한 겹 말리게 하고 제2롤이 이것을 일정한 모양으로 권체한다(그림 5-9).

(4) 살균

밀봉이 끝난 통조림관은 내용물 중에 들어 있는 미생물을 사멸시키기 위하여 살균을 실시한다. 일반적으로 통조림의 살균은 고온살균을 실시한다. 하지만, 내용물의 pH가 살균에 영향을 주기 때문에 pH 4.5 이하인 매실이나 귤 등의 산성식품은 75℃에서 10분 정도 처리해도 살균효과를 얻을 수 있다. 즉, 산도가 높으면 100℃ 이하에서의 저온살균으로도 살균효과를 얻을 수 있기 때문에 산도가 높을수록 살균시간이 단축된다.

통조림의 살균방법은 '용기 속 살균'과 '용기 밖 살균'이 있다. 용기 속 살균은 식품을 통에 넣은 채 살균하는 방법으로 가압멸균기(autoclave)와 같이 포화증기를 이용한 간접 가열이 일반적이며, 용기 밖 살균은 용기에 담기 전 식품만 먼저 살균처리하고 나중에 위생 처리된 용기에 넣는 방법으로 대표적인 식품이 우유이다.

통조림 살균 시의 열전달은 주로 전도와 대류에 의해 이루어지며, 용기의 종류, 크기, 회전속도, 내용물의 온도 등에 따라 다르다. 대부분 용기의 중심부에 위치하는 열침투가 가장 낮은 냉점에 열이 전달되는 데 소요되는 시간은 대체로 용기직경의 제곱에 비례하며, 내용물에 따라 열전달 방식이 다르므로 냉점의 위치도 달라진다.

(5) 냉각

살균 후에는 즉시 냉각해야 한다. 살균한 다음 고온에서의 방치시간이 길어지면 과열에 의해 내용물의 조직이 연화되고, 황화수소의 발생으로 통조림이 변색할 우려가 있으며, 호열성 세균이 발아할 우려가 있다. 특히 50~55℃에서 방치시간이 길어지면 내열성 세균의 포자가 발아하여 변패를 초래할 우려가 있다. 냉각방법은 냉각수가 들어 있는 수조에 담가 두는 수중침지법과 흐르는 물에 냉각시키는 유수냉각법을 사용한다. 대량처리인 경우는 상부로부터 냉각수를 살포하거나 또는 증기와 냉각수에 의한 가압냉각법을 이용한다.

(6) 통조림의 검사

통조림의 제조가 끝나면 일단 이상 유무를 검사하여 완전한 것을 유통, 판매한다. 통조림 검사에는 다음과 같은 방법을 사용한다.

외관검사　외관으로 보아서 밀봉이 불완전한 것, 제품이 팽창된 것을 골라내는 것이다.

타관검사　제품을 책상 위에 놓고 스테인리스스틸, 대나무 또는 상아로 만든 타검봉으로 제품의 뚜껑이나 밑바닥을 두드려 보는 것이다. 맑은 소리가 나면 이상이 없는 것으로 판정한다. 둔탁한 소리가 나는 것은 탈기가 불충분하였거나 지나치게 채움, 미생물의 생육이나 관의 부식에 의해 관내에 가스가 발생했을 때 등 여러 가지 원인이 있다.

개관검사　통조림 검사법의 규정에 의해 이루어지는 검사로 개관하기 전에 진공검관계를 사용하여 진공도를 측정하고 나서 용기를 열고 헤드스페이스의 높이, 고형물의 양 등을 측정하고 관능검사를 실시한다. 내용물의 외관, 색깔, 냄새, 맛, 액즙의 상태, pH, 불순물의 유무 등을 검사하게 된다.

가온검사　일종의 저장성 시험으로 제품을 30~37℃의 정온기에 넣고 내용물의 종류에 따라 적당기간 동안 가온하여 품질의 유지상태를 점검하는 검사이다. 액즙이 많은 것은 1~2주, 적은 것은 2~3주, 산성식품인 경우는 2~3주 동안 수시로 관찰하여 팽창관이 발생할 때는 식힌 다음 세밀한 검사를 한다.

세균검사　군수용 통조림의 경우 세균검사는 필수적이며 무균적으로 용기를 열어 직접 검경하거나 배지에 접종한 후 세균 수를 측정한다. 세균이 발생했을 때에는 내열성 및 독성을 시험한다.

화학적 검사　특수한 경우나 연구용으로 실시하며 pH, 내용물과의 반응생성물 등 부패 및 분해산물의 정량, 중금속 검출, 첨가물 조사 등을 분석한다.

물리적 검사　X-ray를 사용하여 용기의 상태, 헤드스페이스의 크기와 상태, 내용물의 상태 등을 검사한다.

5) 통조림의 변패

미생물의 작용이나 내용물과 용기 사이의 화학반응, 제조 시의 잘못된 처리, 부적당한 저장조건 등에 의해 통조림의 변패가 일어나게 된다.

(1) 외관에 의한 변패

플리퍼(flipper)　내압이 없고 거의 정상관과 같으나 한쪽 면이 약간 부풀어 있는 경우로 탈기 부족이 주원인이며, 미생물, 지나치게 채움, 밀봉 후 살균까지 장시간 방치 등에 의해서도 일어난다. 스프링거보다 덜 부푼 것이다.

> **플리퍼와 스프링거의 차이**
> 플리퍼는 스프링거보다 덜 부푼 것으로 플리퍼의 주원인은 탈기 부족이지만, 스프링거의 주원인은 내용물을 과다하게 충진한 것이다.

스프링거(springer)　한쪽 면이 튀어나온 상태로 내용물을 너무 많이 넣어 부푼 것이며 미생물, 탈기 부족, 수소 발생 등도 원인이 된다. 과일통조림의 경우 저장온도가 높을 때도 발생하기 쉽다.

팽창 양면이 팽창된 관을 말하며, 손으로 눌러서 조금 들어가거나 반응이 없는 경우가 있다. 수소가스의 발생에 의한 팽창과 달리 미생물에 의한 가스 발생으로 일어난다.

돌출형관 살균공정에서 많이 발생한다. 관의 내압이 외압보다 커져서 관의 탄성 한계를 넘어설 때 생기는 변형관이다.

리커(leaker) 미세한 구멍이 발생하거나 밀봉조작이 잘못되었을 때 발생한다.

관외면 부식 관 표면의 결함이나 가열살균 후 과도한 냉각에 의한 표면의 수분 때문에 발생한다.

그림 5-10 부식

(2) 내용물의 성상에 의한 변패

평면산패(flat sour) 살균 부족 등으로 바실러스 속 호열성 세균의 발육으로 인한 유기산 생성이 원인이 되며, 외관상으로는 정상관과 구분하기 어렵고, 개관 후 pH 측정이나 세균검사를 통하여 알 수 있다. 채소류나 육류 통조림에 많이 나타난다.

흑변 내용물 중에 들어 있던 단백질 성분 중 -SH기가 환원되면서 황화수소가 발생하여 용기에서 용출한 금속 또는 내용물 중의 금속성분과 결합하여 황화철이 생성되어 일어나거나, 내열성 세균이 원인이 되어 일어나는 현상을 말한다. 육류나 수산물통조림, 옥수수통조림에서 볼 수 있다.

주석의 이상 용출 주석은 독성이 심하지 않으나 다량 섭취하면 권태감이나 구토증세를 나타낸다. 오렌지, 토마토 주스의 경우 내용물에 함유하고 있는 질산이온에 의해 용출이 촉진된다. 통조림 개관 후 산소의 무제한 공급으로 주석의 용출이 급격히 증가하므로 먹다 남은 내용물은 유리나 사기그릇에 옮겨서 보관해야 한다.

<u>곰팡이의 발생</u>　살균온도가 불충분한 과즙에서 많이 발생한다.

통조림 캔에 유해물질이 있다는데 사실인가요?
통조림 내부코팅용 물질에서 비스페놀 A가 나올 수도 있으나, 실제 용출량은 매우 적고, 안전하게 관리된다. 우리나라는 0.6ppm 이하로 다른 나라에 비해 엄격히 관리하고 있다. 2007년 식품의약품안전처에서는 국내 유통 통조림식품 183건을 대상으로 비스페놀 A 함유량을 조사하였는데 가장 많이 검출된 제품은 최대 0.017mg의 비스페놀 A가 검출된 과일주스(180mL)로 체중이 60kg인 성인이 매일 176캔 이상을 먹어야 인체 안전 기준치에 도달하는 양이다.

그림 5-11　곰팡이의 발생

6) 레토르트 식품

레토르트 파우치(retort pouch) 식품은 고압살균에 견딜 수 있는 내열 내압성 플라스틱 필름 주머니나 플라스틱과 알루미늄박을 겹으로 한 주머니에 식품을 포장, 멸균한 식품이다. 즉, 폴리에스터 필름, 알루미늄포일, 폴리에틸렌 필름 등을 2중, 3중으로 겹친 주머니나 접시에 식품을 넣어 밀봉한 후 가압솥에서 110~120℃에서 20~30분간 살균하거나, 130~140℃에서 4~10분간 고온 단시간 살균한다. 이 경우 통조림·병조림과 같은 저장성을 지닌다. 레토르트 식품은 일반식품뿐 아니라 비상식품, 병원급식, 도시락용 식품 및 짜장, 카레, 스파게티 소스 및 죽류, 국류의 제품에 널리 이용되고 있다.

(1) 장점

레토르트 식품은 통조림, 병조림과 같이 오래 저장할 수 있고, 부피가 작으며, 용기가 유연하고 가벼울 뿐만 아니라 개봉이 쉽고, 사용 후 용기처분이 간단하다. 또한, 고온으로 살균하므로 식품보존제 및 살균제를 첨가하지 않고 상온에서 유통할 수 있어 냉장, 냉동식품보다 유통비용이 싸고 장시간 보존할 수 있다. 포장한 채로 가열하여 즉석 이용할

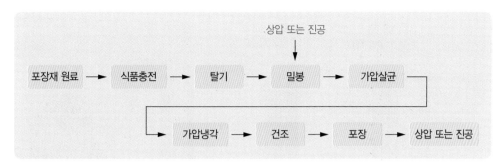

그림 5-12　레토르트 식품의 제조과정

수 있고, 가볍고 휴대가 간편하며 가격이 저렴하다. 포장재료가 얇고 표면적이 넓어서 열전달이 빠르므로 살균시간은 통조림의 1/2~1/3 밖에 안 된다. 따라서 영양성분, 맛, 향기, 색의 변화가 적으며, 모양, 용량, 포장재료의 선택 등을 식품의 종류에 따라 알맞게 선택할 수 있다.

(2) 제조과정

레토르트식품의 제조과정은 그림 5-12와 같다.

- 충진 : 식품을 봉지에 채운다.
- 탈기 : 공기 팽창에 의한 포장파열 방지, 열전도율 저하에 의한 가열살균 효과 저하 및 공기에 의한 비타민 A의 산화, 갈변 방지, 내용물의 연화 방지를 위해 탈기한다.
- 밀봉 : 밀봉 시 주의할 점은 접착이다. 통조림과 달리 두 장의 필름을 열로 융착시키는 것인데, 불량제품이 대부분 접착 불량으로 발생하므로 포장재료의 종류에 따라 접착온도, 시간, 압력을 정확하게 조정해야 한다.
- 가압살균 : 알루미늄포일을 함유한 파우치는 돌기가 없는 한 강하지만 내부압력에 대해서는 약하므로 가압하면서 살균, 냉각한다.

(3) 포장재료

적층필름(laminated film)은 강도가 높은 폴리에스터 필름(외층), 기체와 광선을 차단할

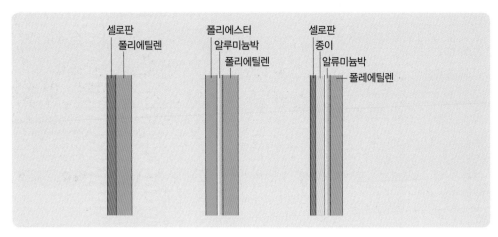

셀로판
폴리에틸렌

폴리에스터
알루미늄박
폴리에틸렌

셀로판
종이
알류미늄박
폴레에틸렌

그림 5-13　라미네이트필름의 구성

수 있는 알루미늄포일(중층) 및 접촉성과 가열밀봉이 쉬운 폴리프로필렌(내층) 포장재로
구성되며, 여러 종류의 플라스틱 필름을 겹으로 합치거나 플라스틱 필름과 알루미늄박을
합친다(그림 5-13). 포장재료는 가열하여도 환경호르몬, 페놀, 포르말린, 중금속, 과망간산
칼륨, 증발잔류물 등이 나와서는 안 된다. 포장지의 용량은 규제가 없고 내용량을 자유로
이 할 수 있으며, 편편하여 가열살균 시간이 짧고, 통조림과 같은 금속취가 없다.

3. 삼투압 원리

1) 삼투압의 방부원리

삼투작용(osmosis)이란, 3장의 여과에서 공부했듯이 묽은 용액과 진한 용액이 반투과
성막을 사이에 두고 있을 때에 농도가 더 진한 쪽으로 용매(일반적으로 물)가 이동하는
현상으로 그림 5-14와 같다. 이때 발생하는 압력의 크기를 삼투압이라고 한다. 식품에
소금이나 당 등의 용질을 가하면 미생물의 세포막에 삼투압이 형성되면서 강한 농도 차
이에 의해 원형질분리가 일어나 사멸된다. 또한 소금이나 당에 의해 식품의 수분활성도
(Aw)가 낮아지므로 미생물의 생육이 억제 된다. 특히 호기성균은 삼투현상에 의해 생육

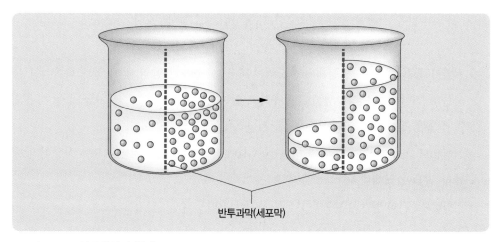

반투과막(세포막)

그림 5-14   삼투현상의 원리

이 저해된다.

삼투압을 이용하여 식품을 가공, 저장하는 주요 목적은 유해 미생물의 생육을 저해하고 식품 내의 수분함량을 조절함으로써 식품의 저장성과 보존성을 높여주기 위한 것이며, 미생물의 저항력은 식품의 종류, 균류의 종류 및 식염의 농도 등에 따라 다르다.

2) 염장법

(1) 염장식품의 가공 및 저장

소금은 식품의 기본 맛을 내는 물질이자 염장식품에 보존성을 높이는 것으로, 전통식품 중에서도 장류 및 수산식품류에 많이 이용되어 왔다. 세균은 상온에서 대략 소금 농도 2%부터 억제되기 시작하여 10% 전후에서 상당량 억제되며, 효모는 15% 이상, 곰팡이는 20% 이상의 소금 농도에서 억제된다. 수분활성도로 보면 대부분의 세균은 약 0.91 이하, 효모는 0.88 이하, 곰팡이는 0.80 이하의 수분활성도에서 생육이 억제된다.

소금의 삼투속도는 염장 초기에 빠르고 그 이후 완만하여 평형에 도달하는데 소금의 침투속도나 침투량은 식품의 성상 및 크기, 지방 또는 단백질 등 성분의 함량 정도, 소금 농도, 온도, 염장방법, 식품의 상태 등에 따라 달라진다. 예를 들면 고형식품은 액상식품보다, 지방이 많은 식품은 적은 식품보다, 대형식품은 소형식품보다 삼투속도가 느리다.

- 식염의 종류: 식염에는 정제되어 오염균이 없는 소금인 암염 및 정염과 화학적인 불순물과 더불어 내염성미생물도 함유하고 있는 천일염이 있다. 식품가공 등에 사용되는 식염은 불순물이 거의 없는 것을 사용해야 한다.
- 식염농도: 농도가 높을수록 삼투압은 커지며, 일반적으로 식염농도 10% 이상이면 세균의 생육이 억제된다.
- 염장방법: 건염법보다 염수법이 삼투속도가 크다.
- 식염순도: 식염 중 칼슘염이나 마그네슘염이 소량 함유되어 있으면 식염의 침투가 저해된다. 순수한 식염의 삼투속도가 크다.
- 식품성상: 생선의 경우 피하지방층이 두터울수록 소금의 침투가 어렵다.
- 온도: 삼투속도는 온도와 비례하므로 온도가 높을수록 삼투속도도 크다.

(2) 염장방법

소금절임법(salting)은 식품의 종류와 절임에 의한 숙성 정도를 고려하여 적당한 방법을 선택하여야 한다. 주로 염수법과 건염법이 사용되어 왔으나 최근에는 이들을 개량한 특수 방법도 이용되고 있다.

<u>염수법 및 개량염수법</u> 염수법은 물간법, 염지법, 액염법이라고도 하며, 식품을 적당한 농도의 소금물에 담그는 방법이다. 식품에서 수분이 빠져나오기 때문에 농도를 일정하게 하기 위해 소금을 수시로 첨가하여 유지하여야 한다. 또 장시간 방치하면 염수층이 생기므로 수시로 교반해야 한다. 건염법에 비하여 소금은 많이 필요하지만, 소금의 침투가 균일하여 품질이 고르고, 염장 중 공기와 식품과의 접촉이 차단되므로 유지성분의 산화가 일어나지 않는 장점이 있다. 또한 과도한 탈수가 일어나지 않으므로 외관, 풍미, 수율이 좋고 짠맛 조절이 가능하다. 김치절임, 젓갈 등의 수산식품, 간장, 된장 등에 많이 이용된다.

개량염수법은 염장용기에 식품을 한 층씩 건염법으로 쌓아 놓고 내림뚜껑을 하고 재운

후 적당한 방법으로 가압하면 점차 식품으로부터 침출된 수분에 의해 포화식염수가 형성되어 나중에는 염수법으로 한 것 같은 효과가 있는 방법이다. 염수법과 건염법의 단점을 상호 보완한 개량물간법으로 염장 초기에 부패를 일으킬 염려가 적으면서 소금이 균일하게 침투되고 유지의 변색을 막을 수 있는 장점이 있다.

　　건염법 및 개량건염법　건염법은 마른간법이라고도 하며, 식품에 식염을 직접 뿌려 염장하는 방법이다. 식품 표면의 수분이나 또는 내부에서 침출한 수분에 소금이 녹아 포화식염수 상태를 만들어 덮여 있는 상태가 된다. 장점은 식품 내외의 삼투압 차가 커서 침투와 탈수가 빨리 진행되므로 염수법보다 빠르고, 적은 양의 식염으로도 효과적으로 탈수된다는 것이다. 그러나 식염이 균일하게 침투되기 어려워 품질이 고르지 못하고, 식품 표면이 공기와 접촉하여 산패나 유지변색을 일으키는 결점이 있다. 햄 등의 축산식품, 굴비와 같은 수산식품, 김치절임, 된장 등에 이용되고 있다.

　　개량건염법은 일차적으로 염수법으로 염지하여 식품에 부착한 세균 및 식품 표면의 점질물, 염용액 등을 제거한 후 건염법으로 본 염지를 하여 염장효과를 높이는 방법의 개량마른간법이다. 기온이 높은 계절에 또는 선도가 불량한 것을 염장할 때 이용한다.

　　염수주사법　염수주사법은 형태가 큰 대형 고기나 어육의 경우, 담그는 기간이 길고 그 사이에 내부에서 변질되기 쉬우므로 염지기간을 단축시키고 균일하게 염지되도록 하기 위해 사용하는 방법으로 일찍부터 햄, 베이컨의 제조에 이용되어 왔다. 염수주사법에는 근육주사법과 맥관주사법이 있다. 근육주사법은 가장 오래 전부터 이용되어 온 방법으로 주사기에 염지용액을 넣고 근육중심부에 주사하여 염지한다. 따라서 염지기간을 1/3 이내로 단축시키고 균

그림 5-15　염수주사법
자료: http://www.anotherpintplease.com/2013/05/what-on-grill-273-coffee-rubbed-tri-tip.html

일하게 염지할 수 있다(그림 5-15). 맥관주사법은 도살 즉시 흉부를 절개하여 혈압과 같은 압력으로 혈관 내에 주입하여 염지하는 것으로 3~4분 만에 전신의 혈관에 퍼지게 된다. 이것을 해체한 후 냉각하여 다시 건염법으로 염지한다.

압착염장법　완전히 밀폐된 용기에 식품을 넣고 용기 내를 감압하여 식품조직에 있는 기체를 배제한 다음 용기 내를 가압하여 식염의 침투를 신속하게 하는 급속염장법의 하나이다. 처음에는 건염법으로 하고 다음에 염수법으로 염지하여 식염을 삼투한 후 염수에서 건져내어 적당히 가압하여 과잉의 염분을 수분과 함께 압출시키면 염미가 적은 맛 좋은 제품을 얻을 수 있다. 소금기를 적게 하고 풍미를 목적으로 할 때 이용되나 대량생산용으로는 부적당하다.

3) 당장법

당장법(sugaring)의 원리는 염장법과 같은 삼투압차에 의한 방부작용과 수분활성도를 낮추는 효과에 의해 미생물 생육을 저지하는 것이다. 당은 식염에 비해 식품 내부로의 삼투가 느리게 진행되며, 삼투압은 몰(M)농도에 비례하므로 분자량이 적고 용해도가 큰 식염이 당보다 삼투효과가 큰데, 당 중에서도 단당류가 이당류나 올리고당보다 효과가 크고 빠르다. 예를 들어 같은 양의 당을 첨가하는데 있어서 단당류인 포도당(분자량 180), 과당 등은 이당류인 설탕(분자량 342)보다 효과적이어서, 일반 미생물에 대한 당류의 최소 발육저지 농도는 설탕의 경우 60~70%인 데 반해 과당, 포도당은 20~30%에서도 억제가 가능하다. 대체로 미생물은 당 농도가 50% 이상일 때 미생물의 성장이 억제되어 저장성을 가지며, 당 농도가 50% 이하가 되면 오히려 영양물질로서 작용하여 미생물이 더 잘 번식하여 식품을 상하게 만든다.

유기산은 보존효과를 증진시켜 잼, 젤리의 경우 산도가 1.2% 정도이면 당농도 45%에서 효모와 세균의 발육을 억제할 수 있다. 당장법을 이용한 대표적인 식품은 농축 당조림인 잼, 젤리, 마멀레이드, 당침 인삼, 인삼 과자류, 과일버터, 가당연유 등이다.

4) 산장법

산장법(pickling)은 삼투압 원리를 이용하는 염장법이나 당장법과는 달리 수소이온 농도가 높은(pH가 낮은) 초산, 젖산, 구연산 등을 첨가하여 미생물의 생육이 억제되는 중산성이나 강산성 환경을 만들어 식품을 저장하는 방법이다. 산절임법 또는 초지법이라고도 하며, 오이피클, 마늘피클, 단무지, 김치, 죽순, 양배추 등 채소류와 토마토 등의 과일류, 칼피스, 탄산음료, 정어리나 전갱이 등의 어육 초절임 및 육류 초절임 식품 등이 있으며 방부 외에 조미효과도 부여한다.

산절임법은 주로 산의 살균작용에 의한 원리로 보고 있으나, 그 외에도 해리되지 않은 분자나 산화합물의 음이온이 영향을 준다고 알려져 있다. pH가 낮을수록(강산성일수록) 저장의 효과가 크며 일반적으로 세균은 pH 4.5 이하, 효모는 pH 4 이하, 곰팡이는 pH 3 이하에서 생육이 억제되며, 장기간 보존을 위해서 소금, 당, 알코올 등을 함께 사용하면 더 효과적이다.

4. 훈연 및 훈증법

1) 훈연법

(1) 훈연의 의의와 방부원리

육류나 어패류 등의 식품에 목재 등을 불완전 연소시켜 생긴 연기, 즉 연기 속의 방부성 성분, 산화방지성 성분 등을 침착시키거나 살균력을 가진 연기성분의 물질을 흡착시키는 동안 건조를 수반하면서 상승효과를 얻어 저장성을 갖는 방법을 훈연법(smoking)이라 한다. 훈연 시 사용되는 목재는 수지함량이 적고 방부성 물질이 많이 생산되며, 잘 건조된 단단한 나무가 좋다. 나무의 종류에 따라 향기 성분 등에 차이가 있으므로 그 선택도 중요하다.

훈연성분은 연기 속에 약 200종 이상의 화학성분이 존재한다고 하며 그 중 살균작용을 갖는 성분은 알데히드류, 알코올, 초산, 개미산, 지방산 등이 관여되는 것으로 알려져 있다. 또한 훈연성분 중 폴리페놀류의 화합물은 지방을 함유한 육·어류 식품의 항산화 작용을 하며, 이 외에도 염지성분, 냄새성분, 훈연성분 등이 어우러져 훈연취가 부여되어 독특한 풍미를 갖게 된다. 훈제 육제품에는 햄, 소시지, 베이컨 등이 있고, 훈제 어패류에 는 연어, 송어, 청어, 굴, 조개 등이 있다.

훈연재로 좋은 나무는 참나무, 벚나무, 떡갈나무, 자작나무, 호두나무, 단풍나무 등이 며, 왕겨, 톱밥, 옥수수 속도 많이 쓰인다. 그러나 소나무, 전나무, 뽕나무, 감나무, 삼나무 등은 수지가 많고 향이 좋지 않아 부적당하다.

(2) 훈연방법

__냉훈법__　냉훈법(cold smoking)은 20~30℃에서 3~4주일간 훈연과 건조를 오래 되풀이하 는 방법으로 제품의 수분을 20~45%까지 감소시켜서 장기간의 저장성을 목적으로 훈연하 는 방법이다. 연어, 청어, 꽁치나 드라이소시지, 레귤러햄, 베이컨 등의 제조에 이용된다.

__온훈법 및 열훈법__　온훈법(warm smoking)은 30~50℃에서 1~3일 훈연, 열훈법(hot smoking)은 50~80℃에서 5~12시간 훈연하는 방법을 말한다. 한편 50℃ 내외의 훈연처 리는 중온법, 70℃ 내외의 훈연은 고온법으로 분류하기도 한다. 온훈법은 독특한 풍미를 주기 위한 것이 주목적으로 맛과 향기가 좋으나 장기 저장은 곤란하다.

__배훈법__　배훈법(roast smoking)은 95~120℃에서 2~4시간 정도 훈연하는 것으로 저장 보다는 바로 식용할 수 있는 훈연법이다.

__액훈법__　액훈법(liquid smoking)은 훈연재료를 사용하는 대신 목초액, 크레졸, 알코올, 붕산, 명반, 초석, 색소 등을 배합하고 필요 시 조미료, 향신료도 배합하여 염지와 동시에 식품을 담가 연기성분을 침투시키는 방법을 말한다. 조성성분에 따라 침지시간 등을 고 려해야 한다.

__전기훈연법__　전기훈연법 또는 전훈법(electric smoking)은 코로나 방전으로 연기성분의

오늘날처럼 냉장시설이 발달하지 못했던 옛날, 우리 조상들은 건조나 염장뿐 아니라 훈연을 통해서 생선을 오랫동안 보관할 수 있는 방법을 고안했다. 냉훈법을 이용해 한철만 잡히는 생선을 독특한 맛과 식감을 가진 또 다른 식재료로 사용하기도 했는데, 대표적인 것이 바로 '과메기'이다. 과메기에 대한 흔적은 1832년과 1871년에 발간된 《영일읍지》와 《동국여지승람》에서 살펴볼 수 있다. 이들 고서에 따르면 "매년 겨울이면 청어가 제일 처음 잡히는데 먼저 나라에 진공한 후에야 모든 고을에서 이를 잡았다. 청어가 잡히는 정도가 많고 적음에 따라 그 해의 바다농사 풍흉을 점쳤다."고 기록하고 있다. 또 이 지역 풍습을 기록하고 있는 《소천소지》에는 "동해안 지방의 한 선비가 겨울에 한양으로 과거를 보러 가기 위해 해안가를 가다가 민가는 보이지 않고 배는 고파 오는데 해변가를 긴 언덕 위의 나뭇가지에 고기가 눈(目)이 꿰인 채로 얼말려(얼면서 마른 상태를 이르는 경상도 방언) 있는 것을 보고 찢어 먹었는데, 너무나 맛이 좋아 과거를 보고 내려온 그 선비는 집에서 겨울마다 생선 중 청어나 꽁치 등 눈을 관통할 수 있는 어류의 눈을 꿰어 얼말려 먹었다."고 전하고 있다. 《규합총서》에는 "비웃(청어) 말린 것을 세상에서 흔히 관목이라 하나, 이는 잘못 부름이요, 정작 관목은 비웃을 들어 비추어 보아 두 눈이 서로 통하여 말갛게 마주 비치는 것을 얼말려 쓰면 그 맛이 기이하다."고 기록하고 있어 상당히 오래 전부터 냉훈법을 이용하여 과메기를 만들어 먹었음을 알 수 있다.

그렇다면 어떻게 청어를 냉훈법에 의해 훈연과 건조를 하게 되었을까? 이는 과메기의 어원인 '관목어(貫目漁, '나무에 걸려 있는 고기'라는 의미)'에서 찾아볼 수 있다. 포항은 겨울철 청어 떼가 몰려와 산란을 하는 장소였기 때문에 먹을 것이 별로 없는 겨울에 손쉽게 얻을 수 있는 귀한 식량이었다. 그러나 이 청어를 두고 먹을 수 있도록 보관하는 방법이 문제였는데, 누군가 부엌으로 난 작은 창문(살창) 쪽에 청어를 걸어둔 것이 시작일 것으로 생각된다. 이 창문에 청어를 걸어두면 부엌의 연기가 빠져나가 자연 훈제 효과가 생긴 데다 적당한 바람으로 자연스럽게 얼었다 녹았다 하는 과정이 반복되어 냉훈 방법을 터득하였을 것으로 보인다. 이후 이 방법을 확대 적용시켜 나무에 청어를 걸어 낮의 햇빛과 밤의 차가운 바람을 맞도록 하여 과메기를 생산해 냈다.

실제 울진, 영덕 등 동해 연안 지방에서 이 같은 냉훈방식으로 생선을 갈무리하는 풍습은 과메기뿐만 아니라, 가자미, 가오리, 열기, 명태 따위의 어물도 같은 방식으로 저장하는 모습을 쉽게 볼 수 있다.

흡착을 촉진시켜 주는 방법이다. 원료 식품을 5cm 간격으로 교차시키고 훈연하면서 전압을 걸어 방전시키면 연기 중의 하전된 유효성분이 반대극의 원료에 흡착되는 방법이다. 이 방법은 수분증발이 적어 저장성도 약하다.

2) 훈증법

훈증법(fumigation)은 주로 곡류나 과일류(특히 건조과일) 등을 저장할 때 해충이나 미생물로부터 보호하기 위하여 일정한 용기 또는 포장된 포대 등에 휘발성 살충제나 살균제, 즉 훈증제를 기화가스로 하여 해충이나 충란 또는 미생물을 사멸시키는 방법을 말한다. 훈증제란 일정 온도와 압력 하에서 해충을 사멸시키기 위해 가스 상태로 개발된 약제이다. 해충의 호흡을 저해하므로 강한 독성을 가지고 있으며 메틸브로마이드(MB), 청산(HCN), 인화수소, 에틸포메이트(Ethyl formate)가 많이 사용된다.

훈증 시 곡물에 가스가 잘 침투되도록 하여야 하며, 살균제는 종류나 사용량에 따라 사람과 가축에게 유해할 수 있으므로 적절한 훈증이 필요하다. 저장창고는 잘 밀폐되지 않으면 가스가 새어나가므로 완전 밀폐하여 훈증하도록 하며 종자용 곡물은 발아가 상실될 수 있으므로 유의해야 한다.

5. 전자파 살균법

1) 마이크로파 가열살균: 전자레인지 원리

(1) 마이크로파 가열의 원리

마이크로파(microwave)는 TV 방송과 통신에 이용되는 극초단파(ultrahigh frequency, UHF), 초고주파(superhigh frequency, SHF) 등과 같은 초단파 이상의 전파를 말하며, 식품에 허용된 주파수는 915MHz와 2,450MHz이다.

마이크로파 가열은 쉽게 말해 마이크로파를 사용해서 식품 내부에 복사열을 발생시키는 원리이다. 즉, 마이크로파가 식품에 흡수되면 식품 내에 존재하는 수분을 비롯한 구성 분자에 분극을 일으키고, 극성을 갖는 분자끼리 재배치하는 과정에서 회전, 진동, 마찰이 일어나 열이 발생하여 온도가 올라가게 된다. 다시 말해 식품이 전파를 흡수하면서 식품 중의 수분, 지방, 당분자 등이 활성화되어 전파에너지는 열에너지로 바뀌어 발열하게 되므로 식품 그 자체가 열원이 되는 셈이다. 이와 같은 성질을 이용하여 식품의 가열, 살균, 건조, 해동 등에 이용할 수 있다.

(2) 전자레인지 가열의 특징

전자레인지의 가열원인 마이크로파는 다음과 같은 특징을 가지고 있다.

• 보통 식품은 열전도성이 나빠 내부로 열이 전달되는 속도가 늦으나, 마이크로파 가열 시에는 식품 자체가 뜨거운 발열상태이므로 열효율이 높고 가열속도가 빨라 짧은 시

간 내에 가열할 수 있다.

- 일반적 가열의 경우 열전달이 늦어 식품 표면과 내부의 온도가 균일하게 되는데 많은 시간이 소요되나 마이크로파는 가열이 균일하고 열에 의한 식품의 손상이 매우 적어 영양소의 파괴가 적다.
- 진공 중인 식품이나 진공 포장 하에서 가열할 수 있다.
- 비금속의 포장재 내에 포장된 식품을 가열할 수 있어 식품의 모양이 변형되지 않으므로 재가열이나 해동 등에 넓게 이용된다.
- 조작이 간단하고 적응성이 좋아 공정합리화나 작업환경이 좋다.

마이크로파를 응용한 대표적인 조리기기인 전자레인지는 미국에서 1955년 상품화되었으며, 2,450MHz의 전자파를 이용한 조리기구이다.

마이크로파는 금속 등에 닿으면 반사되고 공기, 유리, 도자기, 종이 등에 투과되며, 식품, 물 등에 흡수되는 성질이 있으므로 전자레인지의 사용 시 용기의 적절한 선택이 필요하다. 즉, 용기는 내열 용기를 사용하고, 은박지나 금속제 그릇은 전파가 반사되어 가열되

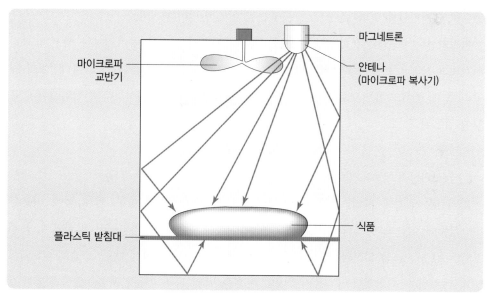

그림 5-16 전자레인지의 구조

지 않으므로 사용하지 않는 것이 좋다. 아울러 마이크로파는 인체에 흡수되므로 전자파의 노출이나 누출에도 유의해야 한다. 전자레인지의 가열시간은 식품의 종류, 양, 크기, 형태, 포장재의 종류 등 여러 가지 요인에 따라 달라진다.

전자레인지는 삶기, 찌기, 굽기, 데우기 등의 기본조리를 할 수 있고, 영양분의 손실 없이 야채를 데치거나 냉동식품의 해동 등에도 널리 이용되고 있다. 또한 조리식품, 가공식품, 도시락, 병조림 식품 등 저장목적의 살균에도 이용한다. 표면에 갈변이 필요한 빵, 과자 등의 식품에는 적당치 않지만 이러한 점이 많이 개선되고 있다.

식품 중 수분이 많은 액체류, 채소류, 과일류가 가장 빠르게 가열되고, 건조식품, 고단백 식품, 고체상 식품 등은 느리게 가열된다. 껍질이 있는 열매의 경우 반드시 껍질을 벗기고 가열하여야 터지지 않으며, 밀봉된 식품은 뚜껑을 열어야 한다.

2) 원적외선 가열살균법

(1) 원적외선의 범위와 이론

적외선은 가시광선의 적색영역 이외로부터 마이크로파의 사이에 위치하는 전자파의 일종으로 근적외선과 원적외선으로 구분하는 것이 일반적이다(그림 5-17).

원적외선이나 근적외선의 가열은 모두 복사가열로서 일반 열풍가열보다 빠르며 특히 원적외선 가열은 20~30%의 에너지가 절약된다. 가열효율은 원적외선이 근적외선보다 월등히 좋고, 물체의 표면으로부터 내부에 침투되는 정도도 근적외선보다 원적외선이 더욱 깊이 침투된다.

(2) 원적외선의 식품에의 이용

적외선은 식품의 가열, 건조, 살균, 해동, 저장, 포장재료의 성형, 인쇄 등에 이용된다. 식품에 이용되는 영역은 주로 2,500nm 이상의 원적외선 영역에서 발휘되며, 특히 2,500~20,000nm의 원적외선은 유기물질로의 흡수가 크고 식품에 대한 가열효과가 커서 널리 이용된다. 원적외선의 식품가공에의 이용은 가열 특성 때문인데 온·열풍가열과 같이 열매체를 이용하지 않는 가열방식이다.

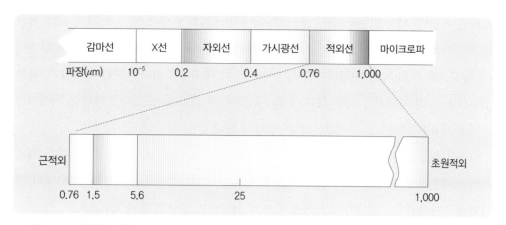

그림 5-17 원적외선의 범위

원적외선의 방사체는 주로 세라믹으로, 전열히터에 의해 가열된 세라믹으로부터 원적외선이 방출된다. 원적외선은 공기에는 거의 흡수되지 않아 직접 식품 표면에 도달하여 흡수시켜 가열효과가 크게 나타난다. 다만, 식품의 내부 깊이까지는 침투하지 못하며, 두껍고 큰 대형식품의 경우 가열살균은 어려우나 표면살균은 가능하다.

한편, 원적외선의 에너지 수준은 낮기 때문에 식품성분의 화학변화가 거의 없으며, 가열에 의한 색택이나 텍스처의 변화가 적고 균일한 가열이 가능하다. 원적외선 가열은 잘 보이지 않으므로 가열상태를 알 수 있는 장치가 필요하다.

식품 중에서 비스킷과 센베이과자와 같은 비교적 두껍지 않은 식품의 가열가공, 수산연제품이나 어류 등의 구이, 생선, 채소, 표고버섯, 해조류 등의 건조, 식품의 해동 등에 이용된다.

3) 자외선 살균법

(1) 자외선의 범위와 살균효과

자외선은 가시광선의 자색영역 이외로부터 X-선파 사이에 위치하고, 파장범위는 100~380nm인 전자파의 일종이다. 빛의 스펙트럼을 기준으로 자색(보라색)의 밖에 있다 하여 자외선이라 붙여진 이름이다. 눈으로는 볼 수 없으나 태양광선에 존재하여 살균

효과를 지닌다. 태양광선에 의한 일광소독이나 살균효과는 주로 이 자외선에 의해 세균 등 병원균이 사멸되기 때문이다. 살균력이 가장 강한 파장은 대략 250~260nm 부근이며, 파장 280~320nm의 자외선은 건강선이라 하여 체내에서 비타민 D를 생성하며, 파장 200~340nm의 자외선은 피부 표피 중의 아미노산에 변화를 일으켜 모세관을 확장시키는 홍반작용을 가지므로 장시간 노출은 삼가야 한다.

자외선 살균의 원리는 아직 확실치 않으나 자외선이 지니는 광자에너지가 분자를 해리시켜 화학반응을 일으키거나 이온화시켜 반응성을 증대시킴으로써 미생물 세포 내의 핵단백질이 변화되어 신진대사에 장애를 일으켜 사멸하는 것으로 추측되고 있다.

자외선의 살균작용은 파장, 조사강도 및 시간, 거리 등과 관계가 있으며, 직사광선이 닿는 물체의 표면에만 살균되므로 전체적으로 살균력이 못 미치는 단점이 있다. 자외선에 의한 살균효과는 효모·세균·곰팡이에 따라 모두 다르고, 같은 세균이라도 균종, 균주 등에 따라 다르다. 대장균(*E.coli*), 포도상구균(*Staphylococcus aureus*) 등은 비교적 낮은 선량에서도 사멸되지만, 고초균(*Bacillus subtilis*)의 사멸에는 높은 선량이 필요하다. 일반적으로 '세균 → 효모류 → 곰팡이'의 순으로 자외선에 대한 저항성이 크다.

(2) 자외선 살균장치와 식품에의 이용

일반적으로 자외선 살균장치는 저압수은증기 램프 속에서 전기적으로 방전시키면 수은이 공명하여 에너지를 방사함으로써 살균작용을 한다(그림 5-18). 최근엔 고성능 자외선 살균장치가 식품포장의 살균용으로 개발되었으며, 에탄올과 자외선 살균을 병용하기도 한다. 가열살균보다 영양손실이나 변질 및 변형을 주지 않는 장점이 있으나 지방질 식품에서는 산패취가 발생하기도 하고, 단백질이 함유된 식품에는 자외선이 흡수되어 살균효과가 현저히 떨어지기도 한다. 사람의 피부에 자외선을 많이 쏘이면 상처가 생기고, 직시하면 결막염, 각막염 등을 일으키므로 주의가 필요하다. 자외선 살균은 음료수, 공업용수, 각종 용기, 기구 및 포장은 물론, 실내공기 또는 조리장, 공장창고, 식품처리장 등의 살균과 소독에 유용하게 이용되고 있다(그림 5-19).

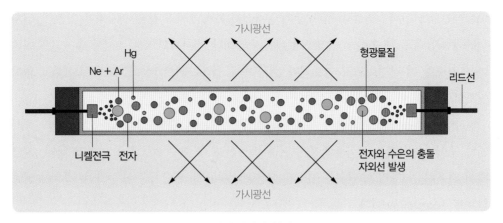

그림 5-18　저압수은증기램프에 의한 자외선 발생의 원리
자료: http://www.jang-won.com/html/elec_01_02.htm

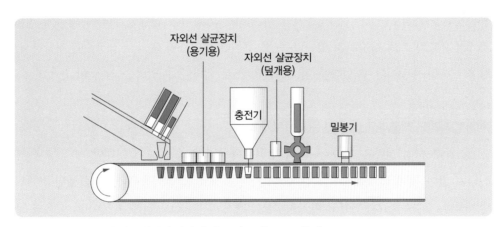

그림 5-19　자외선 살균장치에 의해 용기를 살균하는 무균충전

4) 방사선 조사 살균법

(1) 방사선 조사의 종류와 원리

식품가공에 방사선을 이용하는 것은 식품의 보존 및 가공 때문이며 방사선으로 처리하는 가공공정을 식품조사(food irradiation)라 한다. 방사선을 에너지 수준으로 분류하면 X선, 전자선, Co^{60}의 γ선, Cs^{137}의 γ선, Sr^{90}의 β선 등이 있다. 이 중 식품용의 조사에 사용되는 핵종은 Co^{60}이 대부분으로 국내에서는 Co^{60}의 γ선이 이용되고 있다. 방사선의

종류에는 α선, β선, 중성자 등과 같은 입자선과 X선, γ선과 같은 전자파가 있는데, 입자선은 동식물의 조직 속에 들어가도 없어지지 않지만, 전자파인 X선, γ선의 방사선은 이온화를 일으킬 때 간접적으로 일으키며 조직 속에 들어가면 에너지를 모두 소비하고 없어지므로 식품의 이용에 매우 안전하다.

방사선이 식품을 투과하면서 에너지를 식품에 주는데, 만약 식품 1g에 100erg의 에너지가 주어지는 경우, 이 식품에 흡수되는 방사선량, 즉 흡수선량은 1rad라고 한다. 최근 많이 사용하는 Gy라는 단위는 1kg의 식품에 1joule의 에너지를 흡수하는 경우의 선량 단위로, 1Gy=100rad이다.

방사선이 식품에 대한 저장효과를 갖는 원리는 동식물의 세포 내 핵이나 DNA 분자 등이 방사선에 대한 감수성이 높아 이 부분에 전리를 일으켜 기능을 상실하므로 사멸 또는 불활성화를 가져오는 것이다. 식품저장 시 방사선의 장점은 방사선 처리에 의하여 식품 자체의 온도가 거의 상승하지 않는다는 점, 캔이나 플라스틱 등의 포장식품도 적당한 선량을 이용하여 처리할 수 있다는 점, 연속공정으로 처리할 수 있다는 점 등이다.

(2) 방사선의 식품저장 효과 및 방사선허가 식품

저선량 조사의 선량은 1kGy 이하의 범위로서 살균효과는 크게 기대할 수 없으나 농산물의 발아 및 발근억제, 숙도지연, 살충, 기생충 사멸 등에 이용된다. 예를 들면 감자의 발아억제, 밀가루의 살충, 쌀의 바구미 살충, 돼지고기의 선모충 사멸 등이다. 중선량 조사는 1~10kGy 범위의 선량으로 완전살균은 되지 않으나 과채류, 육·어패류 등의 표면에 부착된 부패균, 병원균의 살균과 식품 특성의 품질을 개선시킬 목적으로 조사한다. 고선량 조사는 10~50kGy 범위의 선량으로 모든 미생물을 완전 살균하는 것이 가능하나 식품의 품질변화가 심한 경우가 많다. 또한, 식품 조직 중에 존재하는 효소는 불활성화시킬 수 없으므로 잔존효소에 의한 자기소화도 일어날 수 있다.

우리나라는 1986년 6월에 식품위생법에 식품조사처리업이 신설되어 1987년 10월 감자 등 5개 품목이 지정된 이후 표 5-4와 같이 2015년 현재 26개 품목에 허용되고 있다. 방사선 조사 식품을 다시 조사해서는 안 되며, 조사식품을 원료로 사용하여 제조, 가공한 식품도 다시 조사하여서는 안 된다. 조사식품은 용기에 넣거나 또는 포장한 후 판매하여

표 5-4 방사선 조사 허용식품

허가품목	허가선량(kGy)	목적	허가날짜
감자, 양파, 마늘	0.15	발아 억제	
밤	0.25	발아 억제	1987. 10. 16
생버섯 및 건조버섯	1	숙도 지연	
건조향신료	10	살균·살충	1988. 9. 13
가공식품 제조원료용 　건조식육 및 어패류 분말	7	살균·살충	
된장, 고추장, 간장분말	7	살균·살충	1991. 12. 13
조미식품 제조원료용 전분	5	살균·살충	
가공식품 제조원료용 　건조채소류	7	살균·살충	
건조향신료 및 이들 조제품	10	살균·살충	
효모, 효소식품	7	살균·살충	1995. 5. 19
알로에 분말	7	살균·살충	
인삼(홍삼 포함)제품류	7	살균·살충	
2차 살균이 필요한 환자식	10	살균	
난분	5	살균	
가공식품 제조원료용 　곡류, 두류 및 그 분말	5	살균·살충	
조류식품	7	살균·살충	
복합조미식품	10	살균	2004. 5. 24
소스류	10	살균·살충	
분말차	10	살균·살충	
침출차	10	살균·살충	

야 하며, 그림 5-20과 같은 마크를 반드시 표시
해야 한다.

그림 5-20 방사선 조사식품 표시

6. 가스저장법

1) 가스저장의 원리

일반적으로 공기는 21%의 산소, 78%의 질소 및 0.03%의 이산화탄소를 함유하고 있다. 가스저장은 저장환경 중의 이와 같은 기체조성을 인위적으로 변경한 가스치환포장에 의해 식품의 품질유지 기간을 연장하는 방법을 말하며 CO_2, N_2, O_2, 에틸렌, Ar, He 또는 혼합가스를 이용한다.

과채류는 고기류와 달리 수확한 후에도 호흡, 증산, 추숙 및 생장 등의 활동이 계속된다. 따라서 수확 후에도 호흡작용을 통해 이산화탄소의 방출, 수분의 탈수, 에틸렌가스 발생 등이 일어나고, 증산작용에 의해 탈수되어 시들게 되며 향기성분도 증발한다. 또한 과채류는 미숙한 상태에서 수확해도 시간이 경과하면서 점점 익어가는 추숙작용에 의해 단맛이 증감하는 등의 변화가 일어나기도 하며, 생장작용이 계속되어 고구마, 감자, 양파 등은 적당한 온도와 습도에서 발아되어 본래의 영양소가 저하되기도 한다.

뿌리에서 오는 영양분이나 수분공급이 중단된 상태에서 과채류의 호흡작용이 계속되면 자기소화에 의해 중량이 감소되거나 변질되어 품질이 저하되므로 오래 저장하려면 호흡을 억제할 수 있는 대책이 필요하다. 따라서 수확 후의 호흡을 저하시키기 위해 공기 중의 산소함유량을 줄이고 그 대신 질소나 이산화탄소 등의 불활성 기체로 대치시키면 대사활동이 억제되어 저장성을 갖게 된다. 이것이 가스저장의 원리이며 대표적으로 CA (Controlled Atmosphere) 저장과 MAP(Modified Atmosphere Packaging) 저장이 있다.

한편, 에틸렌은 식물호르몬의 하나로서 생장촉진, 호흡촉진, 과실의 성숙촉진 등의 생리작용을 지닌다. 숙성된 과일에서는 에틸렌가스가 대량 발생하여 미숙한 과일을 빨리 익게 하므로 이를 억제하는 것이 중요하다.

가스저장 시 단독보다는 혼합가스를 이용하면 좋은 경우도 있다. 산소, 질소, 이산화탄소 가스의 혼합으로 높은 저장효과를 볼 수 있으며, 햄, 소시지의 저장에서 통상 질소 70~80%, 탄산가스 20~30%의 혼합가스로 무균포장하면 퇴색방지에 매우 효과적이다.

2) CA 저장과 MAP 저장

　CA 저장이나 MAP 저장의 원리와 필수요건은 대기 중의 공기와는 다르게 가스조성 등을 변화시켜 과채류의 수확 후 호흡, 증산, 추숙 등의 대사활동을 조절하여 저장기간을 연장하는 것이다. 일반적으로 산소의 농도는 1~10% 정도로 감소시키고, 이산화탄소의 농도는 1~20% 정도로 증가시키며, 상대습도는 85~95%, 온도는 0~10℃ 정도로 각 식품에 따라 조절한다. CA 저장방법으로 사과나 배와 같은 과일은 9~10개월까지 저장기간을 연장할 수 있어 1년 내내 시장에서 구매할 수 있게 되었다.

　CA 저장과 MAP 저장의 근본적인 차이점은 크게 두 가지로 볼 수 있다. 첫째, CA 저장은 저장용기 중의 가스조성을 일정하게 유지하기 위해 부족한 가스를 보충하여 조절하는 방법인 반면, MAP 저장은 초기에 가스를 주입한 후 내용물 자체에 의해 발생하는 가스는 조절하지 않고 방치하는 방법이다. 따라서 MAP 저장 중에는 저장수명에 저해되는 에틸렌이 발생하는 문제가 있으며, 일반적으로 MAP 저장보다는 CA 저장이 적절한 가스 조성을 일정하게 유지하기 쉽다. 둘째, CA 저장은 산소, 이산화탄소, 질소 등의 비율을 계속 측정하여 부족한 성분을 공급하는 장치가 필요하므로 통상 인공적으로 가스공급장치를 갖춘 냉장고나 저장고 내에서 대량 저장하는 경우에 효율적이다. 반면, MAP 저장은 가스 조절 없이 초기 조성대로 유지하면서 두께 0.02~0.1mm의 LDPE, HDPE, PVC, PP 등의 플라스틱 필름이나 저장 상자 등 20kg 이하의 소포장 단위로 많이 사용한다. 과채

CA 저장법

공기조성을 조절하여 농작물의 변질을 늦추는 CA 기법이 2007년 생산자 단체인 농협에 도입된 이후 현재는 이마트(이마트후레쉬센터), 한진(한진셀리움) 등 유통업계에서도 활발하게 도입되고 있다. 특히 수박, 복숭아, 상추 등 날씨의 영향을 많이 받고, 맛을 유지하는 기간도 다소 짧은 농작물을 중심으로 CA 저장방법을 적용하고 있다. 수박의 경우 맛을 유지하는 기간이 3일 정도였던 데에서 10일까지 연장되었으며, 상추는 이틀의 저장기간에 불과했던 것을 15일까지 늘릴 수 있었다. 예를 들어 장마철 농작물의 품질이 떨어지는 기간에 대비하여 비가 오기 전 상품을 CA 저장고에 넣었다가 출하함으로써 생산농가와 소비자 모두 가격 및 품질 측면에서 만족할 수 있게 되었다.

자료: http://www.fnnews.com/news/201407081704050627

류뿐 아니라 육류, 해산물, 베이커리 제품의 저장에도 널리 이용된다. CA 저장 시 항온을 유지하기 위해 완벽한 밀폐의 저장고가 필요하고 장기간 유지비가 많이 드는 단점이 있어 최근에는 그림 5-21과 같이 포장을 이용한 MAP 저장의 이용이 늘고 있다.

그림 5-21 MAP 저장

7. 막분리 살균법

막분리법은 상 변화 없이 물질을 분리하는 기술로 연속조작이 가능하며 열이나 pH에 민감한 물질을 분리할 수 있으므로 열손상이 없고 휘발성 성분의 손실이 적다. 막분리를 이용한 살균은 1922년 막여과를 제균에 이용한 이후 역삼투막(Reverse Osmosis, RO), 한외여과막(Ultra Filtration, UF) 및 정밀여과막(Microfiltration, MF)으로의 기술발전으로 식품은 물론 의약품공업에서 제균 및 살균에 기여하고 있다. 여과와 투석에 관한 상세한 내용은 3장에서 이미 설명하였으며, 그림 5-22는 대표적인 막분리 살균법들의 분리능력을 보여주고 있다.

역삼투막의 원리는 반투막을 중심으로 용질이 막을 통과할 수 없고 용매는 통과할 수 있어 용매가 진한 용액으로 들어가는 삼투현상을 역으로 적용한 것이다. 즉, 삼투압보다 큰 압력을 용액에 가함으로써 용질이 포함된 용액에서 용매를 분리시켜 내는 방법이다. 역삼투에서는 물만을 투과시킬 뿐 저분자량의 염류는 거의 투과되지 못한다. 보통 제균의 목적으로 초산셀룰로스를 사용하나 식품공업에의 사용은 적고 일부 무가열 농축과 살균을 위해 생과일 주스의 농축이나 수돗물의 정수에 이용된다.

역삼투와 유사한 한외여과법은 막의 구멍보다 작은 물질(예: 물, 유당 등)은 막을 투과하여 이동시키고, 큰 지름을 가진 물질(예: 단백질 등)은 막을 투과하지 못하고 남게 되어 용액 중의 물, 염류, 유당은 제거되나 용액은 농축되어 고농도 용액으로 변하는 원리이다(그

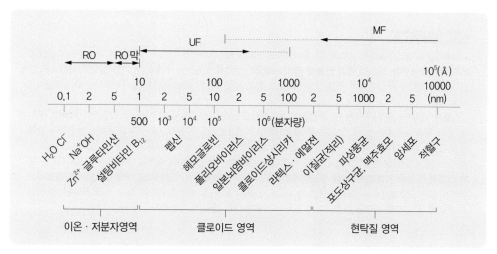

그림 5-22　역삼투압, 한외여과와 정밀여과의 범위

림 5-23). 따라서 분자량이 큰 용질을 물에서 분리하는 용도로 사용한다. 식품공업에서 가열살균하지 않는 청주나 생크림 등의 제조공정에 이용되며 살균 및 제균효과가 있는 것이 확인되었다.

　정밀여과막은 일반적으로 전량여과방식이 이용되는데, 여과필터를 통해 0.1~2㎛의 미립자와 균을 제거할 수 있어 주로 생맥주의 여과 및 제균에 이용되고 와인의 정밀여과에도 제균 및 투명성 등으로 상품성을 높이는 목적으로 사용된다.

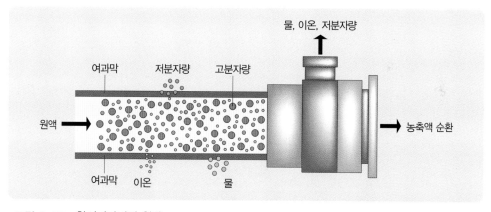

그림 5-23　한외여과법의 원리
자료: http://www.shinhanwater.com/sub02/sub03.html

고압처리살균기술

고압처리살균기술은 물리적 방법의 하나로 식품을 100MPa(1,000기압) 이상의 압력에서 대부분의 미생물이 세포 등의 구조변화, 포자막 등의 변화에 의해 사멸되는 원리를 이용하는 기술이다. 가압 압력이 높을수록 가압 시간이 짧아지며 대부분의 세균, 곰팡이, 효모 등의 영양세포는 300~400MPa 정도에서 10~20분이면 사멸된다.

식품에 고압처리를 이용하면, ① 미생물의 살균작용과 살충작용을 통해 천연원료의 과일이나 채소의 과즙, 육·어육 등의 저장기간 연장, ② 효소를 불활성화하여 효소반응을 억제함으로써 유용물질의 생산이나 탈취 등 효과, ③ 단백질의 겔화 또는 변성이나 전분의 호화를 통해 식품의 텍스처를 개량할 수 있고 신소재를 개발, ④ 지방과 단백질 혼합물에서 유화의 개량, ⑤ 발효식품이나 절임류의 숙성을 억제하거나 정지시키는 등의 다양한 효과를 기대할 수 있다. 2000년에 일본 아오모리현에서는 가열처리에 비해 풍미와 영양성분에는 차이가 없이 고압처리로 식품을 가공할 수 있는 사과주스를 시험·생산하였으며 최근 우리나라에서도 영양성, 편리성 및 고품질 측면을 충족하는 고압처리 기술에 대한 연구 및 상품화가 진행되고 있다.

곡류, 서류, 두류의 가공

곡류, 서류, 두류의 가공

1. 쌀의 가공

1) 쌀의 구조

　벼의 구조는 그림 6-1과 같이 왕겨층과 과피, 종피, 호분층으로 구성된 겨층 그리고 배유와 배아로 구성된다.

　왕겨층을 제거한 쌀을 현미라 하며 현미 100에 대해 겨층, 배유, 배아의 비는 약 5:92:3이다. 쌀의 배유는 대부분 전분으로 구성되어 있고 겨층에는 단백질, 지방, 비타민 등이

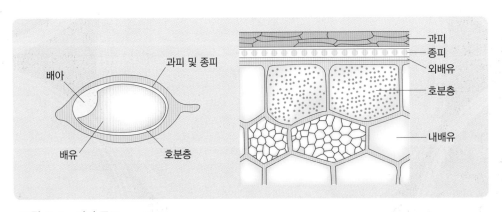

그림 6-1 벼의 구조

풍부하지만 겨층은 조리가 어렵고 소화가 잘 안 되기 때문에 제거하는 과정을 거치게 되는데 이렇게 쌀의 겨층을 제거하는 가공 공정을 도정이라고 한다.

2) 쌀의 도정
쌀의 도정은 정미라고 하며, 그 공정은 그림 6-2와 같다.

(1) 정선 및 제현
벼는 수확 후 건조하여 도정하기 전 이물질을 제거하는 정선과정과 왕겨를 제거하는 제현(탈각) 과정을 거친다.

(2) 도정
왕겨를 제거한 후 현미의 겨층을 제거하여 정미를 얻는 공정을 도정이라고 한다. 쌀 또는 보리를 도정하는 기계를 도정기, 현미의 겨층을 제거하는 기계는 정미기, 보리를 도정하는 기계는 정맥기라고 한다.

정미기는 쌀알과 쌀알 사이의 마찰, 마찰력을 강하게 작용하여 표면을 벗겨내는 찰리, 기계에 의해 조직을 깎아내는 절삭 등에 의해 겨층을 분리한다. 정미기는 주로 마찰에 의해 겨층을 제거하는 횡형 원통마찰식 정미기와 연삭에 의해 겨층을 제거하는 수직형 연삭식 정미기가 있다. 연삭식은 도정력이 강하고 쇄미가 적게 생기며 겨층을 미세하게 분말 형태로 제거할 수 있어 만능 정미기로 알려져 있다. 또 횡형 원통마찰식 정미기에 송풍장치를 하여 강한 송풍을 통해 겨층을 제거하는 분풍식 정미기도 이용된다.

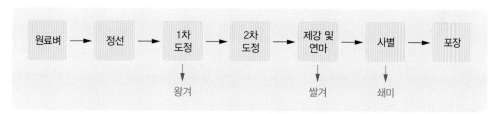

그림 6-2 쌀의 정미공정

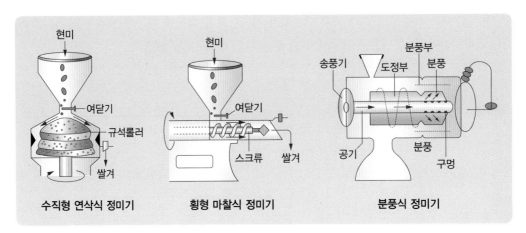

| 수직형 연삭식 정미기 | 횡형 마찰식 정미기 | 분풍식 정미기 |

그림 6-3 정미기

(3) 제강 및 연마

정미기에서 도정된 쌀은 제강기에서 겨층이 완전히 제거되고 연마기를 거치면서 윤기
가 나고 표면이 깨끗한 쌀알이 된다. 정선선별장치에서는 체와 풍력을 이용하여 쇄미와
돌이 제거된다.

3) 도정도

벼의 겨층을 제거해서 배유를 얻는 것을 도정이라고 하는데 도정 정도에 따라 백미,
7분도미, 5분도미로 나누어진다. 현미에서 겨층을 100% 제거한 백미(10분도미)는 현미
100을 도정하여 쌀겨와 배아를 모두 제거하고 92의 백미를 생산한다는 것이다. 1분도미
는 현미 중량의 0.8% 감소에 해당하므로, 7분도미는 현미 100에서 94.4%의 백미를, 5분도
미는 현미 100에서 96.0%의 백미를 생산한다.

도정 정도는 도감률과 정백률로 나타낼 수 있다. 현미를 도정하였을 때 줄어든 양에 대
한 현미 중량에 대한 백분율을 도감률이라 하고, 현미에서 얻은 백미의 중량에 대한 현미
중량에 대한 백분율을 정백률이라 한다. 정백률이 높아질수록 탄수화물을 제외한 단백
질, 지방, 섬유질, 비타민 B_1 등의 영양소가 높아진다.

$$도감률(\%) = (현미 중량 - 백미 중량) / 현미 중량 \times 100$$
$$정백률(\%) = 백미 중량 / 현미 중량 \times 100$$

4) 쌀 가공품

우리나라에서 쌀은 대부분 밥으로 이용되고 있으며 약 5%만이 가공식품용 원료로 이용되고 있다.

(1) 기능성 쌀

기능성 쌀은 쌀의 표면에 기능성 성분을 코팅시켜 백미에 부족한 영양소를 보충하거나 쌀에 균사를 배양하여 발효과정 중에 기능성 성분이 생산되도록 하는 방법을 이용하여 생산된다.

(2) 알파화미

알파화미는 쌀을 찐 다음 5% 정도의 수분을 함유하도록 80~100℃에서 2~3시간 상압 열풍 건조시키거나 감압 하에서 급속 탈수시킨 것으로 뜨거운 물을 부으면 바로 먹을 수 있다.

(3) 무균포장밥

무균포장밥은 무균시설을 갖춘 생산라인에서 진행되므로 다른 즉석밥에 비해 강한 열처리 과정을 필요로 하지 않는다. 무균포장밥은 원료 쌀을 침지한 후 취반용기에 충전시켜 취반하고 무균실에서 포장하여 제품으로 생산된다.

그림 6-4 무균포장밥

건강에 대한 관심이 높아지면서 말 그대로 밥이 보약인 '기능성 쌀'이 잇따라 개발되고 있다.

어린이 성장발육 촉진	성인병 예방	노화억제, 어르신용
• 하이아미(고아미노산) • 영안(필수아미노산인 라이신 고함유) 등 • 이유식용 등(675톤, '13)	• 삼광(발아현미) • 큰눈(쌀눈이 3배 크고 GABA 함량 많은 쌀) 등 • 큰눈발아현미(110톤, '13)	• 흑진주, 흑광, 건강홍미(항산화 작용 강화) 등 • 유색쌀(15,615톤, '13)

2. 보리의 가공

1) 보리의 구조

보리는 골을 갖고 있는 구조로 이 골에 껍질이 밀착되어 있어 겨층을 완전 제거하기는 어렵다. 보리에는 껍질이 잘 분리되지 않는 겉보리와 껍질이 쉽게 분리되는 쌀보리가 있다. 보리도 다른 곡류와 마찬가지로 왕겨(부피), 겨층, 배유, 배아로 구성되어 있다. 겉보리에서는 부피·과피·종피·호분층을, 쌀보리에서는 과피·종피·호분층을 제거하면 정맥이 된다.

정맥한 보리는 단단해서 잘 소화되지 않으므로 소화가 잘 되도록 눌러서 압맥으로 가공하거나, 골을 따라 절단하여 할맥으로 가공한다. 할맥은 보리의 골에 들어 있는 섬유소를 제거하므로 조리하기에 좋다.

2) 보리의 도정

보리의 도정은 정맥이라고 하며, 그 기본 공정은 정미와 유사하다. 보리의 도정은 기본적으로 원료 보리에 물을 흡수시키는 혼수도정으로 2차에 걸쳐 도정하며 혼수량은 쌀보

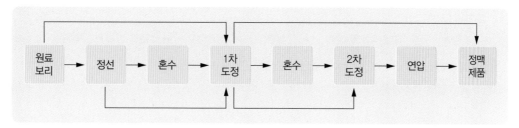

그림 6-5 보리의 정맥공정

리는 4%, 겉보리는 5~7% 정도이다. 혼수도정은 도정 전에 물을 뿌려 놓거나 도정하면서 물을 섞어서 도정하는 방법으로 껍질 벗기기가 쉽고 도정 효율이 높다. 물을 사용하지 않는 무수도정을 하는 경우도 있는데, 무수도정의 경우 혼수도정에 비해 색이 밝은 보리를 얻게 되나 도감률이 높은 편이다.

정맥기에는 마찰식, 연삭식, 장행정형, 경사형이 있는데, 마찰식 정맥기와 연삭식 정맥기의 기본 원리는 정미기와 같다. 장행정형 및 경사형 정맥기는 여러 개의 롤러를 연접하여 타발강관과 원통으로 포위한 것으로 기계를 수평으로 장치한 장행정형과 경사지게 한 경사형이 있다.

3) 보리 가공품

보리는 단단하여 소화가 잘 되지 않으므로 소화가 잘 되도록 압맥(납작보리)이나 할맥 등으로 가공하여 사용하거나 보리차, 엿기름 등을 만들어 이용한다.

(1) 압맥과 할맥

압맥은 2차 도정한 정맥을 압편기의 예열통에 넣고 60~80℃의 증기로 가열하여 수분이 25~30% 정도 되도록 하여 조직을 연화시키고 롤러로 눌러서 납작하게 압편하고 공기로 급냉시켜 제조한다.

할맥은 할맥기를 이용하여 1차 도정한 보리를 골을 중심으로 두 쪽으로 나눈 후, 2차 도정한 것으로 할맥의 크기는 쌀알과 비슷하고 쉽게 조리할 수 있으며 기호성과 소화성이 향상된다.

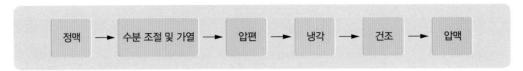

그림 6-6 압맥 제조공정

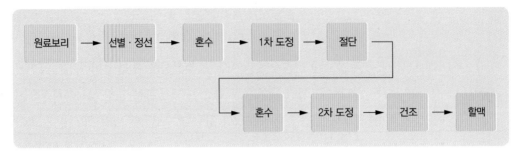

그림 6-7 할맥 제조공정

(2) 엿기름

발아시킨 겉보리는 아밀라제 활성이 강해 맥주, 식혜, 물엿, 고추장 등의 제조에 사용되어 왔다. 엿기름에는 싹이 보리알 길이의 1.2~2배로 긴 장맥아와 2/3~3/4 정도로 짧은 단맥아가 있는데, 아밀라제의 활성은 장맥아가 단맥아보다 1.5배 정도 높아 식혜, 물엿 제조에 사용되며 단맥아는 맥주 제조에 이용된다.

3. 밀의 가공

1) 밀의 구조

밀의 구조 역시 겨층(과피, 종피, 호분층), 배유, 배아로 구성되어 있으며, 겨층이 약 14%, 배유는 약 83%, 배아는 2~3%로 구성되어 있다. 배유는 밀을 제분할 때 가루로 되는 부분으로 호분층에 가까울수록 단백질 함량이 많고 전분 함량은 적다. 배아에는 단백질, 지방, 비타민이 많이 함유되어 있다.

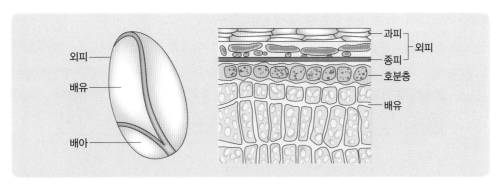

그림 6-8 밀의 구조

밀은 조직의 단단한 정도에 따라서 경질밀, 연질밀 및 중간질밀 등으로 나누어진다. 경질밀은 단백질 함량이 가장 많고 배유조직이 치밀하며 단면이 유리와 같고, 연질밀은 단백질 함량이 적고 부서지기 쉽고 단백질의 함량이 적다. 중간질밀은 경질밀과 연질밀의 중간 정도의 조직과 성질을 갖는다.

2) 밀의 제분

제분이란 어떤 물질을 분쇄하여 가루로 만드는 공정을 의미하나 곡류 가공에서의 제분은 주로 밀에서 밀가루를 만드는 과정을 의미한다. 제분공정은 크게 정선, 조질, 제분과정으로 이루어진다.

(1) 정선

정선은 원료 밀에 들어 있는 이물질을 제거하는 공정이다. 정선장치는 물리적 특성 차이를 이용하여 이물질을 제거한다. Aspirator는 공기를 이용하여 먼지와 같이 가벼운 이물질을 제거하고 Scourer는 곡류끼리 혹은 금속 망과의 연마에 의해 밀기울에 있는 흙이나 먼지를 제거하며, 금속물질은 자석분리기에 의해 제거된다.

(2) 템퍼링과 컨디셔닝

템퍼링은 이물질을 제거한 밀에 수분을 첨가하는 공정으로 습기를 간직한 외피가 잘 분쇄되지 않도록 하여 제분공정 중 밀기울이 밀가루에 섞이는 것을 억제할 수 있다. 템퍼링은 밀에 수분을 뿌린 다음 수분함량이 13~16%가 되도록 20~25℃에서 20~48시간 정도 방치하는 과정이다. 컨디셔닝은 템퍼링한 것을 40~60℃로 가열한 후 냉각시켜 밀이 팽창, 수축을 일으키게 하여 겨층과 배유의 분리를 용이하게 하고 더불어 제빵성을 향상시키는 공정이다.

(3) 조쇄 및 분쇄

조쇄공정은 롤러를 이용하여 겨층과 배유를 분리하는 공정이다. 밀을 분쇄하는 데 사용되는 롤에는 표면에 골이 있는 조쇄롤러(break roller)와 표면이 매끈한 활면롤러(smooth roller)가 있다. 밀이 조쇄롤러를 통과하면 거칠게 부서지며 겨층과 배유로 분리된다. 이때 배유중 일부는 가루로 되고 대부분은 덩어리인 미들링(middling)이 된다. 미들링은 체질을 통해 분리하고 분리된 미들링은 다시 분쇄한다. 이 과정이 5~6회 반복되면 거의 모든 배유가 가루로 되고 밀기울만 남는다.

거친 밀가루를 브레이크 밀가루(break flour)라고 하는데 이 밀가루는 활면롤러로 분쇄 후에 체질하여 크기별로 분리되고 차츰 롤러 간격을 좁게 하여 분쇄, 분리되어 곱고 미세한 밀가루인 패이턴트 밀가루(patent flour)가 된다.

(4) 숙성

제분 직후의 밀가루는 제빵성이 떨어지고 색도 좋지 않아 숙성과정을 거친다. 밀가루를 제분 후 일정기간 자연 숙성시키면 카로티노이드 색소가 산화되면서 흰색을 띠게 되고 단백질 중의 -SH기는 -S-S결합을 이루어 글루텐의 망상구조를 발달시키므로 제빵적성이 좋아진다. 그러나 자연 숙성에는 많은 시간과 공간이 필요하고 균일한 제품을 생산하기 어려우므로 보통 품질개량제를 사용하여 인위적으로 숙성시킨다. 밀가루의 품질개량제로는 과산화벤조일이 표백제로 가장 많이 이용되며 이외에도 이산화염소, 염소, 브롬산칼륨, 과황산암모늄, 스테아릴젖산 칼슘, 스테아릴젖산 나트륨 등이 사용된다. 이들은 산화작용으로 표백을 일으키거나 글루텐의 품질을 개선하여 밀가루 반죽의 특성 개선, 가스보유력 향상, 점탄성 향상 효과 등을 보인다.

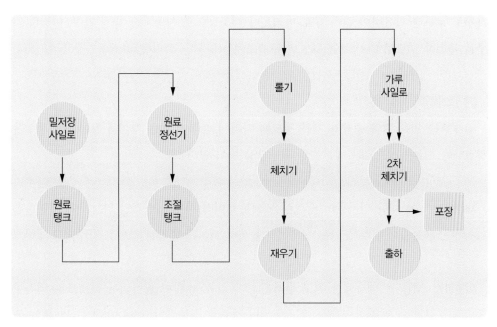

그림 6-9 밀의 제분공정

3) 밀가루의 종류와 품질 측정

(1) 밀가루의 종류

밀가루는 글루텐 함량에 따라 강력분, 준강력분, 중력분, 박력분으로 나누어지며, 밀가루 종류별 글루텐 함량과 용도는 표 6-1과 같다. 일반 밀가루 외에 밀기울을 포함한 밀 입자 전체를 제분한 것으로 주로 흑빵 제조용으로 이용되는 전립분, 듀럼 밀을 제분한 밀

표 6-1 **밀가루의 글루텐 함량과 용도**

종류	글루텐 함량	용도
강력분	13% 이상	식빵, 마카로니
준강력분	11~13%	면류, 과자빵
중력분	10~11%	면류, 과자
박력분	10% 미만	케이크, 비스킷, 튀김용

가루로 글루텐 함유량이 많아 주로 마카로니 제조용으로 사용되는 듀럼 가루, 미들링 가루를 분리한 것으로 마카로니 또는 면류 제조에 사용되는 파리나(farina) 가루 등이 있다.

(2) 밀가루의 품질 측정

밀가루는 원료 밀의 종류와 제분 정도에 따라서 품질에 많은 차이를 보이는데, 품질을 결정하는 기본특성으로는 제분율과 회분함량 등이 있다.

__제분율__   밀에 대한 밀가루의 생산량을 제분율이라 하며 일반적인 밀가루의 제분율은 72%이다. 제분율이 80%를 넘을 경우 밀기울이나 배아가 혼입된 것으로 간주되고 있다.

__회분함량__   회분은 배유에는 적고 밀기울(5.7% 함유)에 높이 함유되어 있으므로 밀가루 중의 회분량은 제분율의 영향을 받는다. 일반적으로 회분량이 0.5% 이하인 밀가루는 밀기울이 들어가지 않은 밀가루로 판정하고, 0.7%~1.5%이면 저급품이다.

__가공적성 시험__   밀가루의 품질은 밀가루 반죽의 성질에 영향을 끼치므로 가공적성 시험은 기기를 이용하여 반죽의 특성을 측정한다.
- 파리노그래프(farinograph) : 반죽이 일정한 굳기에 도달하는데 필요한 수분함량을 통해 흡수율을 분석하고 반죽의 점탄성을 측정한다.
- 엑스텐소그래프(extensograph) : 밀가루 반죽을 끊어질 때까지 늘려 반죽의 신장도 및 인장력을 측정한다.
- 아밀로그래프(amylograph) : 밀가루를 물에 현탁시켜 온도를 올리면서 호화에 따른 점도 변화를 측정한다.

4) 밀가루 가공품

(1) 제빵

제빵은 주재료인 밀가루에 부재료인 팽창제, 설탕, 소금, 유지, 물 등을 혼합하여 만든 반죽을 가열하여 부풀린 것이다.

제빵의 원료

• 밀가루 : 밀가루는 제빵 적성을 결정하는 주재료로 빵의 조직은 글루텐의 그물구조
의 형성에 따라 영향을 받는다. 강력분의 경우 점탄성이 강한 글루텐을 형성하여 제
빵 적성이 높다.

• 효모 : 제빵용 효모는 주로 *Saccharomyces cerevisiae*가 이용된다. 효모는 포도당을
발효시켜 이산화탄소를 발생시킴으로써 반죽을 부풀게 하고 다공질로 만든다. 또한
발효공정에서 알코올, 알데히드, 케톤 및 유기산 등을 생성하여 빵에 고유한 향미를
내게 한다. 널리 사용되는 효모에는 압착효모와 건조효모가 있다. 압착효모는 70%
정도의 수분을 함유하고 있어 유통기한이 짧고 냉장 보관해야 한다. 건조효모는 압
착효모를 저온에서 건조시켜 수분을 8~9% 정도인 과립형태로 만든 것으로 잘 밀봉
하여 저온으로 저장하면 6개월 정도 보관할 수 있다.

반죽의 발효는 효모의 사용량, 온도, 설탕 농도의 영향을 받는다. 압착효모는 밀가
루의 2%, 건조효모는 1%가 적당하며, 효모 발효에 적당한 반죽의 최적 온도는 30℃
이다. 설탕은 밀가루의 4% 정도가 적당하며, 설탕 농도가 25% 이상이면 삼투압이
높아져 발효가 억제된다.

• 이스트푸드 : 이스트푸드는 효모의 영양물질로 발효가 잘 일어나고 밀가루의 품
질 개선을 위해 사용되며, 효모 사용량의 5~10%를 첨가한다. 이스트푸드는 글루

표 6-2 **이스트푸드의 조성**

성분	함량(%)
$CaSO_4$	24.9
NH_3Cl	9.4
$KBrO_3$	0.7
NaCl	24.9
전분	40.5

텐의 강도를 높이는 황산암모늄, 인산칼슘, 염화칼륨 그리고 글루텐의 질을 좋게 하고 빵을 잘 부풀게 하는 브롬산칼륨 등의 혼합물로 되어 있다. 반죽 조절제(dough conditioner)라고도 하며, 이스트푸드를 사용하면 효모 사용량을 줄일 수 있고 빵의 부피, 텍스처가 개선된다.

- 베이킹파우더 : 베이킹파우더는 화학적 팽창제로 비발효빵을 팽창시키는 데 이용된다. 베이킹파우더는 가열 시에 탄산가스를 발생시키므로 뜨거운 물에 넣어 반죽하면 빵을 굽기 전에 탄산가스가 발생하여 잘 부풀지 않는다. 따라서 베이킹파우더를 이용하여 반죽을 할 때는 찬물로 반죽해야 한다. 베이킹파우더는 수분을 흡수할 때도 탄산가스가 발생하므로 반드시 밀봉하여 건조상태로 보관한다.
- 소금 : 소금은 빵의 맛을 좋게 하며 적당량 사용 시 단맛을 강하게 한다. 또한 밀가루 단백질에 작용하여 반죽의 점탄성을 강하게 하며, 적당량의 소금은 발효를 촉진시키나 지나치게 많이 사용하면 발효를 방해하고 소금을 사용하지 않을 경우 과발효가 일어난다. 소금의 양은 밀가루의 1~2%가 적당하다.
- 설탕 : 설탕은 효모의 먹이로 사용되어 발효를 촉진시켜주고, 빵에 단맛을 주며, 구울 때 빵에 독특한 색깔과 향기를 부여한다.
- 유지 : 빵을 만들 때 사용하는 버터, 마가린, 쇼트닝 등은 빵의 텍스처를 부드럽게 하고 색깔, 향기, 맛을 좋게 한다. 유지의 사용량이 많으면 빵이 잘 부풀지 않는데 식빵의 경우 밀가루의 2~3%가 적당하다.
- 달걀 : 빵의 색깔, 향기, 맛을 좋게 하고 부드러운 텍스처를 갖게 하며 영양가를 향상시킨다. 또한 달걀노른자에 함유된 레시틴은 반죽할 때 재료의 고른 분산을 도와준다.

빵의 분류　빵은 원료, 발효의 유무, 굽는 방법 등 여러 가지 기준에 따라 분류할 수 있다. 빵을 원료에 따라 밀가루를 주원료로 하는 밀가루 빵과 밀가루에 다른 곡물 등을 첨가한 보리빵, 옥수수빵 등으로 나눌 수 있다. 발효에 따라 발효빵과 무발효빵으로 나눌 수 있는데, 발효빵은 효모를 사용하여 발효과정에 생성되는 탄산가스를 이용하여 만드는 빵이고, 무발효빵은 베이킹파우더 등의 팽창제에 의해 생성된 탄산가스를 이용하여 부풀린 것이다. 대표적인 예로 발효빵은 식빵, 롤빵, 번즈, 과자빵(단팥빵, 크림빵) 등이 있고,

무발효빵은 케이크, 비스킷, 카스텔라 등이 있다.

발효빵의 제조

• 식빵 : 식빵은 대표적인 발효빵으로 반죽 시 재료를 모두 한꺼번에 혼합하여 발효시키는 직접반죽법을 사용한다. 직접반죽법은 재료를 모두 넣어 충분히 혼합, 반죽한 후 온도는 26~28℃, 습도 75~85%에서 2~3시간 발효시킨다. 발효과정 중 부피가 2~3배 증가되면 가스빼기를 하고 1~2시간 더 발효시킨다. 가스빼기는 발효 중 생성된 가스를 반죽의 고루 분포하게 하며 더불어 과다 생성된 탄산가스를 제거하여 균일한 발효가 일어나도록 하기 위해 하는 공정이다. 발효가 끝난 반죽은 일정한 크기 혹은 무게를 기준으로 나누고 모양을 만들어 빵틀에 넣고 습도 75~85%, 35~38℃에서 30~45분 동안 재우기를 한다. 재우기가 끝나면 200~240℃로 미리 예열된 오븐에서 구운 후 30℃ 이하로 식힌다.

• 과자빵 : 과자빵은 식빵과 같이 모든 재료를 한꺼번에 넣고 반죽하는 직접 반죽법이 아닌 두 번에 나누어 반죽하는 스펀지법을 사용한다. 이때 첫 번째 반죽을 스펀지, 두 번째 반죽을 본반죽이라 한다. 스펀지 반죽은 먼저 체 친 밀가루의 일부, 효모, 물을 섞은 후 5분 정도 가볍게 반죽하여 24~28℃에서 발효시킨다. 발효시간은 스펀지의 농도에 따라 달라지나 보통 4~5시간 정도 걸린다. 본 반죽은 발효된 스펀지 반죽에 나머지 밀가루, 물, 소금 등을 잘 섞어 충분히 교반한 다음, 쇼트닝을 넣고 잘 이긴다. 스펀지법은 직접반죽법에 비해 효모 사용량이 적고 빵의 향미와 텍스처가 좋은 장점이 있다.

무발효빵의 제조 무발효빵은 빵의 팽창제로 효모가 아닌 화학적 팽창제를 사용하거나, 달걀흰자의 거품을 이용하여 팽창시킨 빵 그리고 팽창시키지 않은 빵 등을 모두 총칭한다. 무발효빵에는 비스킷, 도넛, 스펀지케이크, 카스텔라 등이 있다.

• 케이크류 : 스펀지케이크는 달걀흰자의 거품을 이용하여 팽창시킨 대표적 케이크이다. 스펀지케이크는 달걀흰자를 잘 거품을 낸 후 달걀노른자, 설탕, 밀가루와 물 등을 넣어 잘 섞은 후 케이크 팬에 넣고 150~160℃의 오븐에서 굽는다.

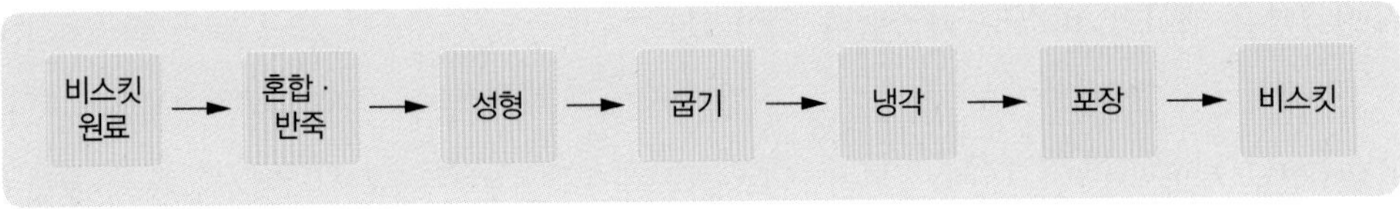

그림 6-10   비스킷 제조과정

파운드케이크는 베이킹파우더를 이용하여 팽창시킨 케이크이다. 먼저 버터에 설탕을 넣어 크리밍한 후 달걀을 천천히 첨가, 혼합하고 밀가루와 베이킹파우더를 섞어 준다. 혼합된 반죽을 팬에 붓고 180℃ 오븐에서 40분간 굽는다.

- 비스킷 : 비스킷은 밀가루, 설탕, 버터, 우유, 베이킹파우더를 혼합하여 반죽한 다음 일반 빵에 비해 건조하게 구운 것이다. 비스킷은 지방과 설탕을 소량 사용한 하드 비스킷, 지방과 설탕을 다량 사용한 소프트 비스킷, 달걀과 우유를 다량 사용한 팬시 비스킷의 세 종류로 나눌 수 있다.

    비스킷은 원료를 혼합, 반죽하여 성형하고 팬에 넣어 120℃로 예열된 오븐에 넣고 오븐의 온도를 올려 약 250℃가 될 때까지 굽고 바로 냉각하여 방습 포장한다.

(2) 제면

면류는 곡물가루 혹은 전분을 물과 함께 반죽하고, 면대를 형성한 후 가늘고 길게 제조한 것을 의미한다. 면류는 면을 만드는 방법에 따라 분류할 수 있는데 면대를 형성한 후 잘라서 만든 선절면, 작은 구멍을 압력을 이용해 밀어 만드는 압출면, 길게 잡아 당겨서 만드는 신연면과 면을 만든 후 기름에 튀긴 즉석면 등으로 나눌 수 있다. 일반국수 등은 선절면에 해당하고 마카로니나 스파게티 등은 압출면, 중화면 등은 신연면에 속한다. 또한 건조 여부에 따라 면을 만든 후 건조시켜 수분함량을 10% 이하로 건조시킨 건조면과 건조시키지 않은 생면으로 나눌 수도 있다. 생면은 건조공정을 거치지 않아 조리 시 조직감과 맛이 좋은 장점이 있으나 부패가 생기기 쉽다는 단점이 있다.

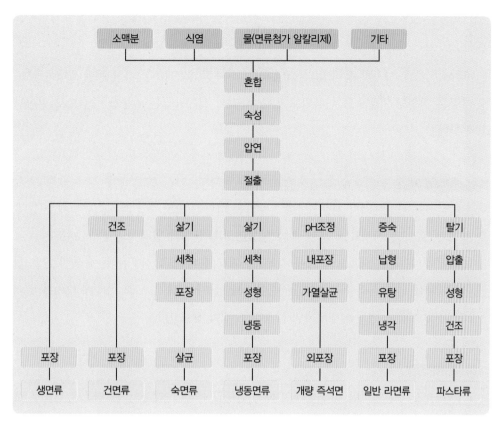

그림 6–11 면의 제조공정

4. 서류의 가공

서류에는 감자, 고구마 등이 있다. 대표적 서류 가공식품에는 감자칩 등의 스낵이 있고, 주 가공은 전분의 가공으로 이용되고 있다. 따라서 서류가공은 전분을 중심으로 알아보고자 한다.

1) 전분의 제조

전분은 식물체의 에너지 저장형태로 존재하는 다당류이며, 증점제, 유화안정제, 보습제, 겔 형성제, 포도당, 이성화당, 물엿 등의 형태로 식품산업에 널리 이용된다. 전분은 주로 감자, 고구마, 옥수수, 타피오카 등에서 분리하여 사용하는데, 전분은 물에 녹지 않고 침선하기 때문에 쉽게 분리할 수 있다. 전분은 급원에 따라 크기, 모양, 특성에 차이가 있어 용도에 따라 적합한 전분을 선택하여 사용하는 것이 필요하다.

(1) 고구마전분

고구마는 과피가 딱딱한 옥수수에 비하면 전분의 분리가 쉽다. 전분 제조의 원료로 적당한 고구마는 전분 함량이 높고 수용성 탄수화물과 단백질, 폴리페놀, 섬유질 등이 적으며 모양이 매끈하고 전분 입자가 고른 것이 좋다.

고구마는 세척 후 회전 롤러를 이용하여 미세하게 마쇄하고 체로 여과시켜 전분유와 전분박으로 분리한다. 전분유에서 전분을 분리할 때는 탱크침전법이 가장 많이 이용되며, 일부 테이블침전법과 원심분리법을 사용한다. 탱크침전법은 침전탱크에 전분유와 물을 넣어 방치하면 전분의 비중이 무거워 가라앉는 원리를 이용한 분리법으로 먼저 전분유의 pH를 7.5~8로 조절한 후 8~12시간 방치하여 조전분을 분리한다. 탱크침전법은 전분이 침전하는데 오랜 시간이 걸리고 온도가 높으면 전분이 변질될 우려가 있다. 테이블침전법은 경사진 긴 테이블에 전분유를 흘려보내 전분을 분리하는 방법으로 기본 원리는 비중차를 이용하는 것으로 탱크침전법의 원리와 동일하다. 테이블 침전법은 짧은 시간 내에 연속 침전시킬 수 있어 크기별로 연속 분리가 가능하다는 장점이 있다. 원심분리법은 회전체의 원심력을 이용하여 짧은 시간 내에 분리할 수 있다. 분리된 조전분은 불순

그림 6-12　고구마전분의 제조공정

물이 있을 뿐 아니라 색도 나쁘므로 다시 물을 넣어 교반, 침전, 정제하는 공정을 거친다. 정제된 전분유는 1차 탈수기를 이용하여 수분함량을 낮춘 후 열풍 건조 등을 이용하여 수분함량을 18% 정도로 건조시킨다.

(2) 옥수수전분

옥수수는 마치종, 경질, 단옥수수, 팝옥수수 등이 있으며 전분제조용으로는 주로 마치종을 이용한다.

고구마의 전분 분리와는 달리 옥수수는 선별, 수세한 다음 0.2~0.5% 아황산액(pH 3~4)에 40~48시간 침지하는 공정이 필요한데, 이 공정에 의해 옥수수는 조직이 부드러워져 쉽게 파쇄되고 단백질 중의 이황화결합을 환원시켜 전분 분리가 용이해진다. 더불어 아황산 침지는 오염을 방지하는 효과도 있다. 아황산 침지 후 파쇄하여 배아를 분리하고 파쇄기로 분쇄한 다음 체질하고, 원심분리하여 침전된 전분을 분리한다.

2) 전분의 가공

(1) 변성전분

천연 전분은 종류에 따라 특성이 다르며, 일부 전분은 가공에 적합하지 않은 특성을 나타낸다. 이러한 천연전분의 단점을 보완하기 위해 전분에 화학적 가공 처리 공정을 거친 전분을 변성전분이라 한다. 변성전분에는 호화전분, 산처리 전분, 산화전분, 가교결합 전분, 인산화 전분 등이 있다.

호화전분은 생전분을 물과 함께 가열하여 호화시킨 다음 팽윤 상태에서 탈수시킨 전분으로 생전분에 비해 소화가 잘되고, 점도, 겔의 투명도와 형성속도 등이 낮은 특성을 갖는다. 산처리 전분은 전분에 산을 처리하여 가수분해에 의해 가지가 제거된 것으로 뜨거울 때는 묽은 졸이 되고 노화가 쉽게 일어난다. 산화전분은 전분을 알칼리로 처리하여 만든 전분으로 용해성과 안정성이 개선되고 전분의 백도도 향상되는 장점이 있다. 그러나 잘 겔화되지 않기 때문에 그 사용이 제한되고 있다. 가교결합 전분은 천연전분의 -OH기와 반응할 수 있는 물질을 반응시켜 만든 것으로, 호화가 억제되고 점성이 높고 노화, 가열, 교반, 냉동, 해동에 대해 안정하나 pH 변화에 불안정하다. 인산화전분은 인산염과 반응시켜 만든 전분으로 안정성과 투명성이 좋고 이액이 거의 없으며 끈끈하지 않은 겔을 형성한다.

(2) 전분당

전분을 산 또는 효소로 가수분해하면 물엿, 포도당 등의 여러 가수분해산물이 생성되는데 이러한 물질을 전분당이라 한다. 전분당은 가수분해도에 따라 당도, 점도, 용해도, 흡습성 등이 달라지는데, 이러한 전분의 가수분해 정도는 당화율이라 한다. 당화율은 포도당 당량(dextrose equivalent, DE)으로 나타낸다.

$$포도당 \ 당량(\%) = 포도당으로 \ 표시된 \ 환원당 \ / \ 고형분 \times 100$$

산당화엿 산당화엿은 전분을 산으로 가수분해하여 제조한 물엿을 의미한다. 산당화엿의 제조는 먼저 전분을 정제한 다음 물을 첨가하여 전분유를 만들고 여기에 촉매인 산을 첨가한 뒤 2.5기압으로 가압하여 당화조에서 30~45분간 가열, 당화시킨다. 당화 후 70~80℃로 냉각하고 pH 4.5~5.0으로 중화하여 여과, 농축한다. 농축액을 활성탄으로 탈색, 여과한 다음 이온교환수지를 통과시켜 산, 알칼리, 염 등을 제거하고 60~65℃에서 농축하여 산당화엿을 제조한다.

맥아엿 맥아엿은 전분에 α-아밀라제를 첨가하여 액화시키고 맥아로 당화하여 제조한 것을 의미한다. 맥아엿은 30% 전분유에 α-아밀라제를 첨가하여 액화시키고 85℃ 정도로 가열하여 효소를 불활성화시키고 여과한다. 여과액을 당화조에 넣고 원료 전분의 3% 정

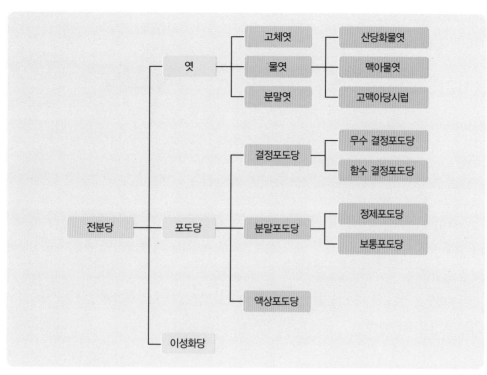

그림 6-13 전분당의 종류

도 되는 맥아 침출액을 넣고, 60~63℃에서 3~8시간 당화시킨 다음 체로 걸러 당화액을 만든다. 당화액은 청징조에 넣고 30분 정도 가열하면서 불순물을 걸러내고 활성탄으로 탈색, 여과한 다음 수분함량이 14~16%가 될 때까지 농축시키면 맥아 물엿이 된다.

포도당 포도당은 전분을 산이나 효소로 가수분해하여 제조한다. 전분을 산으로 가수분해시키면 포도당 이외에 다른 부산물 생성이 많은 단점이 있어 주로 효소를 이용하여 가수분해한다. 효소를 이용하여 포도당을 만드는 공정은 먼저 35~40%의 전분유에 내열성 α-아밀라제를 첨가하여 포도당 당량이 10~15%가 되도록 가수분해한다. 이 분해물을 다시 30%정도로 희석하고 글루쿠아밀라제를 첨가하여 포도당 당량이 95까지 되도록 당화시킨다. 이 당화액을 불순물을 걸러내고 활성탄으로 탈색, 여과한 다음 이온교환수지를 통과시켜 정제된 포도당을 제조한다.

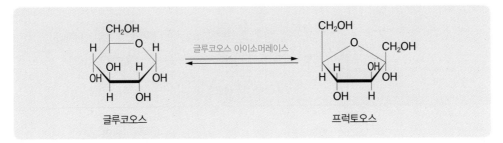

CH₂OH ─ 글루코오스 아이소머레이스 → CH₂OH

글루코오스   프럭토오스

그림 6-14 글루코오스의 이성화반응

이성화당   이성화당(고과당 시럽)은 포도당을 포도당 이성화 효소(glucose isomerase)나 알칼리를 사용하여 포도당의 일부를 과당으로 이성화시켜 포도당과 과당이 주성분인 당을 말한다.

이성화당은 포도당 제조과정에서 생산된 포도당액을 글루코아밀라제 효소로 이성화시키는 과정이 추가된다.

4. 두류의 가공

두류에는 대두, 팥, 녹두, 완두 강낭콩, 땅콩 등이 있다. 두류는 꼬투리 안에 여러 개의 종자를 가지고 있다. 종자는 종피, 배(배아), 자엽으로 구성되어 있다. 식용으로 섭취하게 되는 부위는 자엽이다. 대표적 두류 가공식품에는 두부, 두유, 콩나물, 장류(고추장, 된장, 간장, 청국장) 등이 있는데, 본장에서는 두유, 두부, 콩나물을 중심으로 알아보고자 한다.

1) 두류의 성분

두류의 구성성분은 종류에 따라 차이가 있다. 일반적으로 콩과 땅콩은 단백질과 지방 함량이 높으며, 팥과 강낭콩, 완두도 단백질과 탄수화물의 함량이 높다. 각 두류의 성분은 표 6-3에 나타냈다.

가공에 널리 사용되는 콩은 일반적으로 25~40% 정도의 단백질을 함유하고 있으며 이

표 6-3 두류의 성분(가식부 100g 기준)

	수분 (g)	단백질 (g)	지질 (g)	탄수화물		무기질				비타민			
				당질(g)	섬유(g)	Ca(mg)	P(mg)	Fe(mg)	Na(mg)	A(mg)	B₁(mg)	B₂(mg)	Niacin(mg)
대두	9.2	41.3	17.6	21.6	4.7	250	490	7.6	6	2	0.60	0.17	3.2
땅콩	8.5	23.4	45.5	18.1	2.2	64	372	2.6	2	0	1.09	0.13	17.8
팥	14.5	21.4	0.6	56.6	3.7	124	413	5.2	4	1	0.56	0.13	1.8
강낭콩	10.3	20.2	1.8	60.9	3.2	139	317	6.7	4	2	0.54	0.20	1.8
완두	13.4	21.7	2.3	54.4	6.0	65	360	5.0	6	30	0.72	0.15	2.5
녹두	15.6	21.2	1.0	54.9	3.5	189	471	3.4	5	9	0.03	0.14	2.1

중 90%가 수용성 단백질인 글리시닌이다. 콩 단백질은 필수 아미노산을 고루 함유하고 있으며, 특히 곡류에 부족한 리신과 트립토판이 비교적 많이 함유되어 있어 곡류와 함께 섭취하면 영양적으로 상호 보완될 수 있다. 콩의 지방은 주로 중성지방으로 구성되어 있으며 불포화지방산의 함량이 높다. 탄수화물은 주로 다당류로 구성되어 있으며 3당류인 라피노오스와 4당류인 스타키오스가 함유되어 있다.

콩에는 유해성분으로 적혈구응집소인 헤마글루티닌이 있고 트립신저해제를 함유하고 있어서 가열하여 이들을 불활성화시킨 후 섭취하는 것이 바람직하다. 또한 기타 특수 성분으로 기포를 형성하는 사포닌, 여성호르몬 작용을 하는 이소플라본 등을 함유하고 있다.

2) 두류 가공품

(1) 두유

두유는 콩을 침지시킨 뒤 갈아서 콩단백질을 추출한 후 여과하여 비지를 제거하고 살균하여 제조한다. 두유는 우유에 알레르기가 있거나 유당불내중 혹은 유당뇨중 등 유당 소화에 어려움이 있는 사람에게 적합한 우유 대용품이다.

두유는 먼저 정선된 콩에서 껍질을 제거한 후 마쇄한다. 마쇄과정에서 열수를 이용하

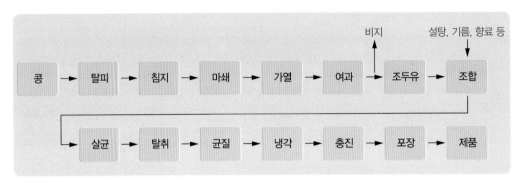

그림 6-15 두유의 제조과정

면 리폭시게나제를 불활성화시켜 콩비린내를 제거한다. 마쇄한 콩은 가열하고 원심 여과기로 비지와 조두유를 분리한다. 조두유에 당이나 영양강화제 등을 첨가한 후 살균, 균질화시켜 냉각 충전시켜 포장한다.

(2) 두부

두부는 불린 원료 콩을 갈아서 가용성 단백질인 글리시닌을 추출하고, 여기에 응고제를 넣어 응고하여 압착 성형시켜 제조한다. 두부 제조에는 황산칼슘, 염화마그네슘, 염화칼슘, 글루코노델타락톤 등의 응고제가 사용되며, 응고제의 종류에 따라 두부의 맛과 텍스처 등이 달라진다.

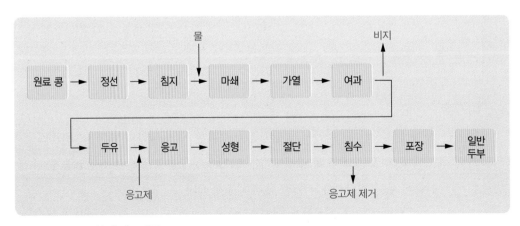

그림 6-16 두부의 제조과정

표 6-4 두부 응고제의 특성

응고제	첨가 온도	두부의 특성
글루코노델타락톤	85~90℃	• 표면이 매끈하고 부드럽다. • 수율이 좋다. • 풍미가 좋지 않다.
염화마그네슘	75~80℃	• 단시간 내에 응고되어 쉽게 탈수된다. • 풍미가 좋다.
염화칼슘	75~80℃	• 쉽게 탈수된다. • 풍미가 좋지 않다.
황산칼슘	80~85℃	• 색깔이 좋고 수율이 높다. • 표면이 거칠고 황산칼슘이 두부에 많이 잔류한다. • 풍미가 좋지 않다.

두부는 원료 콩의 특성에 따라 두부의 수율과 품질에 영향을 끼친다. 콩의 수용성 단백질 함량이 높을수록 두부의 수율이 높아진다. 제조에는 단백질 함량이 높고 입도가 균일하고 굵은 황색 콩이나 백색 콩을 사용한다.

일반두부 일반두부는 원료 콩을 깨끗이 씻어서 일정 시간 침지한 후 소량의 물을 첨가하여 마쇄하고 2~3배의 물을 첨가하여 100℃에서 30분 정도 가열한다. 이때 콩의 기포성 물질인 사포닌에 의해 많은 거품이 발생하므로 식물성 기름 등의 소포제를 사용하여 거품을 제거한다. 가열 후 여과기를 이용하여 두유와 비지를 분리하고 두유의 온도가 70~80℃로 냉각되면 응고제를 첨가하여 저어주면 응고물이 형성된다. 응고물을 여과포를 깐 두부 상자에 옮겨 압착하면 응고 및 탈수되어 성형이 된다. 두부를 적당한 크기로 잘라 찬물에 3시간 정도 수침시켜 여분의 응고제를 제거한 후 포장한다.

전두부 전두부는 원료 콩의 5~5.5배의 물을 넣어 진한 두유를 만든 뒤 구멍이 없는 상자에 넣어 응고 성형시킨 것으로 두유의 영양소를 모두 함유하고 외관이 매끈한 특징을 갖는다.

<u>튀긴두부(유부)</u> 튀김두부는 두부를 만들어 얇게 자른 후 대나무 발 사이에 넣고 압착하여 수분을 70~80%가 되도록 제거한 후 땅콩기름이나 유채유를 이용하여 2단계에 걸쳐 튀긴 두부이다. 1단계는 약 110~120℃에서 튀기고 2단계는 180~200℃에서 튀긴다. 튀기는 공정에서 팽화와 경화가 동시에 일어나 튀김두부는 부피가 조금 커진다.

<u>얼림두부</u> 얼림두부는 두부를 얇게 썰어 얼린 후 수분함량을 10% 내외로 건조시켜 풍미와 저장성을 높인 두부이다.

(3) 콩나물

콩나물은 콩에 수분을 침투시켜 싹을 틔우고 뿌리를 내리게 한 것으로 섬유소와 비타민 C가 풍부하고, 숙취 해소에 도움이 되는 아스파라긴산이 함유되어 있다.

원료 콩을 일정시간(여름 6시간, 겨울 24시간) 물에 불린 후 배수가 잘 되는 상자나 시루에 넣고 어두운 곳에서 싹을 트게 하고, 1일에 4~5회 물을 뿌리면서 재배한다. 4~7일 정도 지나면 먹을 수 있다. 물을 뿌리는 이유는 수분공급뿐 아니라 싹이 틀 때 발생되는 열을 식혀주기 위해서이다. 물을 적게 뿌려주면 잘 발아되지 않고 잔뿌리가 많이 생기게 된다.

잘 자라도록 하기 위해 생장촉진제나 농약을 뿌린 콩나물은 잔뿌리는 없으나 뿌리가 짧고 자엽부(머리)가 진노랑색이고 벌어지거나 뒤틀려 있으며 몸통이 통통하다.

(4) 대두단백 가공품

대두단백은 탈지대두박에서 수용성 성분을 제거하여 단백질 함량을 높인 가공품이다. 이러한 대두단백 가공품에는 단백질을 70% 이상 함유한 농축대두단백, 단백질을 90% 이상 함유한 분리대두단백이 있으며, 육류와 유사한 조직감을 갖게 가공한 인조육 등이 있다. 인조육은 먼저 분리대두단백을 알칼리 용액(pH 9~13.5)에 단백질의 농도가 10~30% 되도록 녹인 후 작은 구멍을 통해 식염이 들어 있는 식초산 용액(pH 2.5) 중으로 압출, 응고시켜 대두단백섬유를 만들고 여기에 색소, 조미료, 향료 등을 혼합하고 달걀흰자 등을 첨가하여 적당한 모양으로 성형, 응고시켜 만든다.

CHAPTER / 07

과일과 채소의
가공

과일과 채소의 가공

과일과 채소는 비타민, 무기질, 식이섬유 그리고 다양한 피토케미칼이 함유된 우수한 건강식품으로 독특한 맛과 향, 아름다운 색깔, 독특한 텍스처를 가지고 있다. 과일과 채소는 수분함량이 많고 수확 후에도 생활작용을 하는 생체식품으로 신선도 유지가 어려워 쉽게 변질되는 특성이 있다.

1. 과일류

1) 과일 분류 및 특성

과일은 일반적으로 과육이 발달된 형태에 따라 인과류, 핵과류, 장과류, 견과류로 나누어진다(표 7-1). 과일류는 수분을 많이 함유하고 있어 저장성이 낮지만 수분섭취에 이상적이다. 당분(과당, 포도당 등), 당알코올(만니톨 등), 유기산(사과산, 구연산, 주석산) 등이 풍부하여 새콤달콤 상쾌한 맛을 내고 비타민과 무기질이 풍부하다. 또한 저급지방산의 에스터류를 비교적 많이 함유하고 있어서 좋은 향을 내며 과일 특유의 아름다운 색은 기호성을 증가시킨다. 펙틴질이 많이 함유된 일부 과일은 잼이나 젤리 등으로 가공할 수 있으며 소량 존재하는 단백질은 과즙 중에 녹아 과일주스, 잼, 젤리 등으로 가공 시 제품을 혼탁하게 하나 가열하면 응고되어 표면에 떠오르므로 쉽게 제거할 수 있다.

표 7-1 **과일의 분류**

분류	특성	종류
인과류	씨방이 발달한 과일	사과 배
핵과류	씨방이 발달한 과일로 내과피가 단단한 핵을 형성하고 그 안에 종자가 있음	복숭아 살구
장과류	과일 하나하나가 자방으로 송이를 이루고 육질이 부드럽고 즙이 많음	포도 석류 무화과
견과류	외과피가 단단하며 종실부를 식용	밤 잣

2) 과일 가공의 기초

(1) 원료의 선택 및 수확

과일의 숙도는 제품의 색깔, 향기, 품질에 영향을 주므로 수확 후에는 가능한 빨리 가공하는 것이 좋다. 수확한 원료를 일시적으로 저장할 때는 햇빛을 차단하고 습도를 적절히 조절하여 저온에서 저장한다.

(2) 원료처리

- 고르기 : 과일의 고르기는 주로 품질, 숙도, 크기, 색깔 등을 기준으로 한다.
- 씻기 : 원료에 붙어 있는 흙, 모래, 먼지, 약제, 미생물 등을 제거하기 위해서 세척한다.

- 데치기 : 과일을 뜨거운 물에 담그거나 증기로 처리하는 과정이다. 뜨거운 물보다 증기로 처리하는 것이 비타민과 같은 영양성분 손실이 적으나 황록색으로 변색되기 쉽다. 데치기는 산화효소를 파괴하여 가공 중에 일어나는 변색 및 변질을 방지하고 원료의 조직을 부드럽게 하여 통조림 제조 시 쉽게 충진할 수 있도록 하며 가열 살균 시 부피 감소를 막고 껍질 벗기기가 쉬워진다.

- 제핵(핵 빼기)과 박피(껍질 벗기기) : 인과류 및 핵과류에 속하는 과일은 핵과 심을 제거한 다음 껍질을 벗기지만 이 외의 과일은 두 쪽으로 쪼갠 다음 제핵기를 사용하여 핵을 제거한다.

- 담그기 : 껍질을 벗긴 과일은 좋지 않은 맛 성분을 제거하거나 약제를 이용해 박피한 경우 남아 있는 약제를 제거하기 위해 담그기를 한다. 이 때 물을 자주 갈아주는 것이 좋지만 수용성 영양소의 손실을 줄이기 위해 가급적 짧은 시간 내에 처리한다.

3) 건조과일

건조과일은 수분을 제거하여 수분함량을 20% 정도로 낮추어 저장성을 부여한 것으로 건포도, 곶감, 건조살구, 황률 등이 있다. 과일 건조의 주 목적은 저장성 개선이므로 미생물이 번식하지 않을 정도로 건조한다. 건조과일 제조 시 과일은 대체로 아황산가스 처리를 한다. 이산화황은 갈변을 방지하고 아황산의 방부효과로 인해 미생물 번식이 억제되며 과육세포의 원형질 분리와 삼투작용을 일으켜 건조를 촉진시킨다.

(1) 곶감

곶감은 우리나라의 대표적 건조과일이다. 완숙하기 전에 채취한 떫은 감을 원료로 사용하는데 껍질이 얇고 육질이 치밀하며 긴 타원형으로 끝이 뾰족하고 씨가 적은 것이 건조 뒤에 당분이 많고 수분이 적어서 좋다. 선별된 원료는 칼이나 박피기로 껍질을 얇게 깎는다. 스테인리스 칼이나 대나무 칼을 사용하면 갈변을 막을 수 있으며 건조 전에 이산화황 훈증을 하면 제품의 색깔이 좋아지고 건조기간이 단축되며 저장성이 좋아진다. 곶감은 표면에 흰 가루가 나오고 육질이 투명하며, 비교적 단단하고 단맛이 많은 것이 좋은 품질이다. 표면의 흰가루는 당유도체인 만니톨이다.

건조에는 천일건조법과 화력건조법을 이용한다. 천
일건조는 감 꽂이를 매단 줄을 통풍이 잘 되고 햇볕
이 잘 드는 곳에 널어서 말린다(그림 7-1). 겉껍질이
약간 굳고 황갈색이 되어 주름이 생기면 손으로 과육
을 문질러서 연하게 하는 조작을 2~3회 되풀이한다.
손끝으로 눌렀다가 놓았을 때 곧 원래 모양으로 돌
아올 정도가 되면 건조를 마치며 이 때 수분함량은
30% 정도이다. 화력건조는 박피한 감을 건조실에 넣
고 첫날은 32℃, 2일째는 30℃, 3일째는 25℃로 차츰
온도를 내리면서 건조한다.

그림 7-1　곶감 건조

(2) 건포도

건포도는 알맞게 익은 씨 없는 포도를 건조시킨 것이며 과숙과
로 나무에서 익혀 당도 25% 전후에서 수확한 포도를 원료로 사
용한다. 건포도의 수분은 15% 이하가 적당하다.

자연건조는 먼저 원료 포도를 물로 세척한 후 알칼리 침지를 하며 보통 93℃의 수산화
나트륨 용액에 3~5초 정도 담근 후 바로 물로 세척한다. 이 때 식용유를 약간 넣은 27%
의 중탄산나트륨 용액에 담가서 처리하면 윤기가 좋아진다. 세척 후 수분함량 15% 이하
로 햇볕에 건조시킨 후 뒤치기(turning)을 하는데 포도송이가 부서지지 않도록 주의하며
후기 건조는 그늘에서 한다. 인공건조를 할 때는 65~75℃에서 15~20시간 건조시킨다.

(3) 황률

밤을 건조하여 껍질을 벗긴 다음 다시 건조시킨 것이 황률이다.
황률은 생밤을 불로 건조시키거나 햇볕에 자연건조시킨 후, 겉껍
질을 벗겨 껍질과 속 알맹이를 분리시킨다. 속 알맹이에 물을 뿌려
3~4시간 불린 다음 떫은 속껍질을 벗기고 수분 10% 정도까지 건

조시켜 제조한다.

(4) 건조살구

상처가 없는 살구를 세척 후 봉합선을 따라 두 조각으로 절단
하여 핵을 제거한다. 유황훈증을 하고 바람이 잘 통하는 그늘진
곳에서 절단면을 위로 하여 4~7일간 건조 후 상자에 넣어 1~2주
간 방치하여 과육 내의 수분을 균일하게 한다.

4) 과일음료

과일음료는 과일을 압착하여 착즙한 것이다. 식품공전에 따르면 과일음료는 과일을 주
원료로 하여 가공한 것으로 직접 음용하거나 희석하여 음용하는 시럽 및 농축액을 말한
다. 성분 배합 기준의 과즙함량은 천연과즙음료는 95% 이상, 과즙음료는 50~95% 미만,
희석과즙음료는 10~50% 미만으로 규정되어 있다.

과일음료의 종류
- 천연과일주스 : 천연에서 착즙한 그대로의 농도를 갖는 주스
- 농축과일주스 : 천연과즙주스를 농축한 것
- 분말과일주스 : 농축과일주스를 건조하여 분말상태로 한 것(수분함량이 1~3% 정도)
- 과일음료 : 과일주스에 당분이나 향료 등의 첨가물을 넣어 만든 것

---

(1) 제조공정

__선별과 씻기__　원료 과일의 수확 시기는 일반적으로 생식용의 적기와 같으며 원료 과일
은 껍질이 얇고 성분의 농도가 높으며 주스의 색깔, 향기, 맛이 좋은 것을 선택한다. 일반
적으로 물에 침지하여 기계적으로 흔들거나 압축공기를 이용하여 세척하며 조직이 연한
딸기 등은 분무세척을 한다.

__착즙과 진공 처리__　과일에는 탄닌 성분이 함유되어 있으므로 스테인리스 도구를 사용하
여 갈변이 일어나지 않도록 해야 한다. 원료 과일에 따라 착즙법과 착즙기가 다양하지만

과육을 부수어 압착기로 짜는 것이 일반적이다. 착즙할 때 비타민 C와 향미성분의 산화, 갈변을 억제하기 위해 다량의 공기 흡입을 피해야 하며 비타민 C를 첨가하거나 진공 하에서 착즙하여 산화적 변질을 막기도 한다.

여과와 청징 감귤이나 복숭아 음료는 보통 혼탁한 상태로 음용되지만 여과하여 맑은 주스를 만들기도 한다. 이 때 여과를 방해하고 주스를 혼탁하게 하는 펙틴질은 펙틴분해효소로 분해하여 용해시키며 부유물이 빨리 침전하여 쉽게 여과되도록 침전보조제도 사용한다. 달걀 알부민, 카제인, 젤라틴, 탄닌, 규조토 등의 침전보조제는 주스의 혼탁을 일으키는 물질과 결합하여 침전물을 형성하여 부유물을 제거한다.

탈기와 살균 과일음료에 혼입된 산소는 휘발성 향미성분과 유지성분을 산화시켜 맛과 향을 손상시키고 비타민 C의 산화, 색소파괴, 갈변, 호기성균의 생육 등을 일으킬 뿐 만 아니라 펄프 같은 현탁 물질이 위쪽으로 떠올라 병입구를 막거나 외관을 나쁘게 하므로 살균 전에 탈기를 한다. 탈기법에는 박막식(엷은 막 상으로 진공관 속으로 흘러내려 탈기)과 분무식(진공관에 분무하여 탈기)이 있다. 탈기 후 용기에 담아 살균하는데 70~75℃에서 15~20분간 가열하는 저온살균법과 90~95℃에서 20~60초간 살균하는 순간살균법을 사용한다. 저온살균은 산화효소와 펙틴분해효소의 작용이 억제되고 살균효과도 좋지만 신선한 향미가 손상되므로 향미와 비타민 손실이 적은 순간살균이 많이 사용된다.

밀봉·냉각·포장 살균 후 60℃로 품온을 유지하고 무균 살균 용기에 넣고 밀봉하여 냉각한다. 살균 즉시 병조림이나 통조림을 하기도 하고 저장 후 산과 당을 조절하여 포장하기도 한다.

(2) 과일주스의 제조

사과주스 원료는 홍옥, 국광, 왜금 등의 품종을 사용하거나 홍옥 50%, 국광 30~40%, 델리셔스 10~20%의 비율로 배합하기도 한다. 사과는 녹말이 없어지고 당분의 함량이 많으며 산이 적당히 감소되었을 때가 원료로 적당하다. 제조방법은 그림 7-2와 같이 먼저 사과를 세척한 후 사과 마쇄기로 분쇄하고 20분 이내에 착즙하여 산화를 최소화한다. 갈변방지를 위해 비타민 C와 소금을 조금 첨가한다. 순간살균 장치로 약 80℃로 가열하여 단백질 및 검질 등을 응고시킨 다음 45℃ 이하로 냉각시켜 0.05~0.1%의 펙틴분해효소를 넣고 교반 후 약 10시간 방치하여 청징한다. 혼탁 과일주스는 진동체로 거르고 청징 과일주스는 청징 처리 후 여과할 때 여과보조제를 사용한다. 탈기 후 열처리하여 살균된 용기에 넣고 밀봉한다.

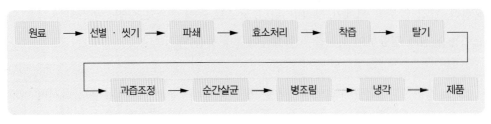

그림 7-2 사과주스의 제조공정

오렌지주스　원료를 선별하고 0.3%의 염산용액으로 오렌지에 묻어 있는 잔류농약, 흙 등을 제거한다. 주스의 기름함량이 0.03% 이하가 되도록 껍질의 기름주머니를 파괴하여 기름을 제거한다. 두 쪽으로 절단하고 과육채취기, 피니서 등을 이용하여 착즙한다. 당도 12°Brix, 산도 0.6~1.1%로 조합하여 균질화하고 탈기한 후 순간살균한다. 펄프조각이 너무 크면 빠르게 침전되어 촉감이 나쁘고 너무 고우면 맛이 나쁘다. 살균 후, 충진·밀봉하고 40℃로 냉각한다. 냉각 후 농축을 하면 농축 오렌지주스가 생산되며, 냉동농축을 하면 향미가 많이 보존된다.

포도주스　포도주스는 주석산을 침전시키는 공정, 투명 포도주스는 펙틴 분해공정, 적색 포도주스는 적색색소를 과일주스에 용출시키는 공정이 필요하다. 향기가 좋고 빛깔이 좋은 원료를 선별한 후 0.5% 염산용액으로 세척, 제경, 파쇄한다. 적포도의 안토시안 색소를 용출하기 위해 65~75℃에서 가열하여 착즙하고 여과한다. 포도 과즙 내의 주석산은 저장 중에 석출, 침전되어 품질을 저하시키므로 보통 −20℃에서 4~7일간 보관한 다음

7℃ 냉장고로 옮겨 3~4일간 정치시키고 침전물을 여과하여 제거한다.

넥타   넥타는 복숭아, 살구, 배, 바나나 등과 같이 펄프질과 과일주스가 잘 분리되지 않는 과일을 사용해 제조한다. 완숙한 과일의 가식부를 파쇄하고 펄프질이 많은 퓌레 20~50% 가량과 과즙 또는 물과 당, 산 등을 혼합해서 만든 것으로 일종의 과육음료이다.

5) 잼 · 젤리 · 마말레이드

(1) 젤리화의 원리

펙틴은 식물 세포막 또는 세포막 사이에 존재하여 세포를 결착시켜 주며 사과를 비롯한 과일류, 레몬, 오렌지 등과 같은 감귤류의 껍질, 일부 채소류, 사탕무 등에 많이 존재한다. 펙틴을 비롯한 펙틴산 및 펙트산을 펙틴물질이라 하며, 이들은 그림 7-3과 같이 과일이 익어감에 따라 변화하여 과일이나 채소의 물성에 영향을 주는 한편, 당이나 산과 함께 젤리를 형성할 수 있다.

펙틴은 유기산기(−COOH)가 메틸에스터화(−COOCH₃)되어 있거나 유리상태로 있는 갈락투론산 중합체이며 물에서 교질용액을 형성한다. 펙틴은 메톡실기 함량에 따라 고메톡실펙틴(7% 이상)과 저메톡실펙틴(7% 이하)로 나누어지며, 고메톡실펙틴은 젤리 형성에 펙틴, 산, 당을 필요로 한다. 펙틴은 약 1~1.5%, 산은 사과산, 주석산 등이 주로 작용하며 총산(약 0.3%)보다는 pH가 3.0~3.5로 적당한 범위여야 한다. 당은 60~65%가 적당하며 설탕, 포도당, 과당, 전분당 등을 혼합하여 사용한다. 저메톡실펙틴은 칼슘이온과 같은 다가의 양이온이 겔 형성에 필요하다.

(2) 젤리

젤리는 펙틴, 젤라틴, 한천, 알긴산 등과 산을 이용하여 만든 반고체 식품으로 부유하는 과일입자가 없어야 하고, 전체 무게의 55/100 이하의 당과 45/100 이상의 과즙으로 만든 것으로 정의되고 있다. 젤리는 과일 그대로 혹은 물을 넣어 가열하여 얻은 과일주스에 설탕을 넣어 농축, 응고시킨 것으로 투명하고 과일의 방향을 그대로 가지고 있다. 투

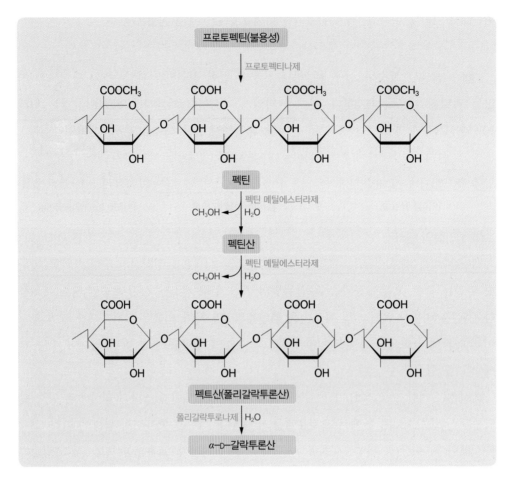

그림 7-3 펙틴의 구조

명하고 광택이 있어야 하며 과일의 풍미가 남아 있고 절단했을 때 부드러우며 원형을 유지할 수 있을 정도의 굳기를 가져야 좋은 품질이라 할 수 있다.

젤리의 일반적인 제조과정은 그림 7-4와 같다. 젤리의 원료로는 펙틴과 산의 함량이 많은 과일이 적당하며 보통 생과로 먹기에 적당한 시기보다 조금 전에 수확한 것이 펙틴의 함량이 많아 좋다. 가장 중요한 공정은 가당 후의 가열 농축과정으로 너무 오래 가열하면 당의 캐러멜화에 의한 갈변 등으로 품질이 저하된다. 젤리점은 그림 7-5와 같은 컵법, 스푼법을 이용하거나 당도나 온도를 측정하여 확인한다. 완성된 젤리 농축액은 식기

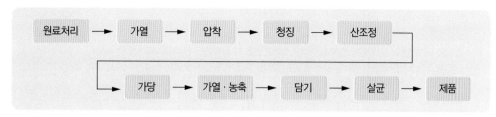

그림 7-4 젤리의 제조공정

전에 살균된 용기에 담아 밀봉해도 좋지만 80~90℃에서 7~8분간 살균한 후 급냉하는 것이 안전하다.

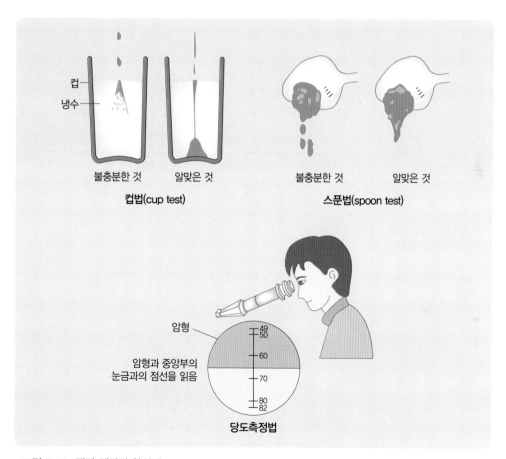

그림 7-5 잼과 젤리의 완성점

(3) 마말레이드

마말레이드는 과피를 사용하므로 색이 좋고 표면에 상처가 없는 원료 오렌지나 감귤을 선별, 세척 후 칼로 껍질을 벗겨 일부를 1mm 정도의 폭으로 자르고 물에 담가 쓴맛을 뺀다. 과육은 반으로 잘라 압착기로 과즙을 짜낸다. 남은 겉껍질과 속껍질을 0.3~0.5%의 염산용액에 하룻밤 담가서 펙틴질을 가용화한 다음 흐르는 물로 씻고 끓인 후 압착기로 짜서 펙틴 추출액을 얻는다. 과즙과 펙틴 추출액을 가열하여 끓기 시작하면 과즙과 펙틴 혼합액의 30~40% 정도의 잘게 썬 과피를 넣어 가열한다. 다시 끓으면 설탕을 3~4회로 나누어 넣고 완성점에 이를 때까지 농축한다. 제품은 특유의 밝은 색과 향미가 있고 젤리 부분이 투명하고 섞여 있는 껍질모양 및 양이 적당하며 고르게 분포한 것이 좋다.

(4) 잼

잼은 과육과 함께 젤화시킨 것이다. 딸기잼은 딸기의 모양이 그대로 있는 프리저브(preserve) 형태와 형태가 보이지 않는 것이 있는데, 프리저브 형태가 일반적이다.

6) 과일 통조림

(1) 감귤 통조림

원료용 감귤은 씨가 없는 완숙과로 풍미가 좋고 신선하며 크기가 고르고 둥근 모양보다는 납작한 것이 적당하다. 85~90℃에서 1~2분간 또는 끓는 물에서 10초 정도 열처리를 하고 꼭지를 위로 하여 과육이 손상되지 않게 껍질을 벗긴 후 산알칼리 박피법을 사용하여 속껍질을 제거한다. 밀감 통조림은 헤스페리딘에 의해 백탁이 생기는 경우가 있다. 헤스페리딘의 함량이 적은 품종 또는 완전히 익은 원료 사용, 물 세척에 의한 헤스페리딘 제거, 껍질을 벗긴 과육의 헤스페리디나제 처리에 의해 백탁을 막을 수 있다.

(2) 복숭아 통조림

복숭아는 크게 백육종과 황육종으로 나누어지며 이들은 다시 완숙 후 육질의 경도가 큰 논멜팅(nonmelting) 계통과 육질이 연해지는 멜팅(melting) 계통으로 구분된다. 논멜팅 계통이 통조림 원료로 적당하고 멜팅 계통은 생식용으로 사용한다. 복숭아는 완숙전 2~3일간 수확하여 추숙하여 사용한다. 경도계로 익은 정도를 측정하여 선별한 후 물로 깨끗이 씻어 봉합선을 따라 두 쪽으로 절단, 제핵하고 산화방지를 위해 2%의 소금물에 담가둔다. 끓는 물에 1분 정도, 끓는 가성소다 용액에 30~60초 처리하여 박피한 다음 0.2%의 구연산 용액에 담가 변색을 막는다. 과육을 담은 통은 밀봉, 탈기를 거쳐 살균 후 바로 냉각한다. 냉각이 불충분하면 과육이 붉은색을 띤다.

7) 우림감(침시)

감의 떫은맛을 제거하는 것을 탈삽(감 우리기)이라고 한다. 감의 떫은맛은 세포 내의 수용성 탄닌에 의한 것으로 탈삽은 가용성 탄닌 성분을 불용성 탄닌 성분으로 변화시켜 떫은맛을 느낄 수 없게 하는 과정이다. 탈삽의 기본 원리는 산소의 공급을 제한하여 감의 호흡작용을 억제함으로써 이때 생성되는 아세트알데히드와 탄닌이 축합하여 불용성으로 전환됨으로써 떫은맛을 없애주는 것이다.

(1) 온탕 탈삽법

떫은 감을 40℃ 정도의 더운 물에 15~24시간 담가 효소의 활동을 활발하게 하여 탈삽시키는 방법이다. 과실이 연화하여 외관이 나쁘게 되기 때문에 가정에서 소비하는 것만 사용한다.

(2) 알코올 탈삽법

떫은 감을 알코올과 함께 밀폐된 용기에 넣어 탈삽하는 방법으로 이 때 효소에 의해 알코올이 알데히드로 산화되어 불용성 탄닌으로 변한다. 이 방법은 탄산가스 탈삽법에 비해 풍미가 우수하지만 과육이 연화되기 쉽고 저장성이 좋지 않다.

(3) 탄산가스 탈삽법

이산화탄소로 호흡을 중지시켜 에틸알코올을 생성해서 탈삽하는 방법으로 보통 나무통을 이용한다. 대량 처리 시에는 떫은 감을 상자에 넣어 밀폐된 방에 넣고 액화탄산을 주입시켜 탈삽한다. 알코올 탈삽에 비해 풍미는 떨어지지만 과일의 손상이 없고 연화가 일어나지 않아 저장기간이 길며 탈삽기간이 짧고 다량처리가 가능하다.

2. 채소류

1) 채소류 분류 및 특성

채소류는 식용할 수 있는 부위에 따라 배추, 양배추, 시금치, 상추, 부추, 죽순, 아스파라거스, 셀러리, 파슬리, 쑥갓, 미나리 등과 같은 경엽채류, 무, 당근, 파, 양파, 마늘, 생강, 연근, 토란, 우엉 등과 같은 근채류, 오이, 호박, 토마토, 가지, 고추, 딸기, 수박, 참외 등과 같은 과채류로 분류된다. 채소의 대부분은 수분이 차지하며 비타민과 무기질의 공급원이다. 식이섬유가 풍부하고 천연색소와 여러 방향성분을 함유하고 있어 식욕을 증진시킨다.

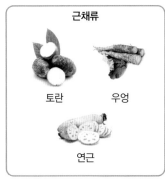

2) 건조채소

건조채소는 가공비가 적고 가벼우며 운반이 편리하고 수분이 제거되어 오래 저장할 수 있다. 채소는 건조하면 신선 채소와는 다른 독특한 식감과 풍미를 얻을 수 있다. 건조과 정 중의 조직의 변화, 향미와 색의 손상, 비타민의 손실 등을 최소화하기 위해 데치기와 같은 전처리를 하여 효소를 불활성화시켜야 한다.

건조방법에는 천일건조법, 진공건조법, 동결건조법, 가압건조법이 있으며 건조채소의 일 반적인 제조과정은 그림 7-6과 같다. 전처리 과정인 아황산 처리는 저장 중의 갈변 및 산 화방지를 위해 아황산 용액에 담그거나 분무하며 이 때 비타민 B$_1$ 등이 파괴된다.

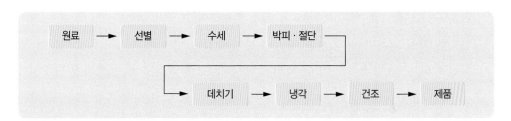

그림 7-6 건조채소의 제조공정

3) 침채류

침채류는 채소에 소금, 장류, 조미료, 식초 등을 가하여 조리와 저장을 겸한 일종의 염 장식품으로 저장 중 미생물(특히 젖산균)에 의해 유기산, 알코올 및 에스테르 등의 독특한 풍미가 생성된다. 침채류의 보존성은 소금의 높은 삼투압 형성에 의한 것으로 약 17%의 소금 농도로 부패균의 증식을 방지할 수 있다. 근래에는 식생활의 변화, 유통보관기술의 향상, 건강지향성 식생활 습관에 의해 저염식품의 기호가 늘어 전체적으로 소금 농도가 낮아지는 반면, 산, 아미노산 등을 활용하는 추세가 증가하고 있다.

(1) 김치

<u>김치의 제조원리</u>　김치는 배추나 무를 소금에 절여 저장하는 동안 젖산균에 의한 발효 숙성에 의해 독특한 맛이 만들어지는 대표적 침채류이다. 침투작용, 효소작용, 발효작용 등이 어우러져 특유의 풍미와 건강에 유익한 다양한 생리활성물질이 생성된다.

- 침투작용: 배추를 소금물에 절이면 세포 내의 수분이 빠져나오고 원형질 분리가 일어나 원형질막은 반투성을 잃게 되어 세포 내로 소금이 들어가게 된다. 소금의 농도가 높고 온도가 높을수록, 단면이 넓을수록 소금의 침투속도가 빠르다.
- 효소작용: 배추의 세포가 죽게 되면 아밀라제, 말타제, 프로테아제와 같은 효소의 작용으로 원료 중의 전분, 단백질 등이 가수분해 되어 당류, 펩티드, 아미노산과 같은 여러 맛 성분을 증가시킨다.
- 발효작용: 세포가 점차 생활력을 잃어버리고 세포 내의 여러 물질이 외부로 빠져나와 미생물의 영양원으로 이용된다. 즉 젖산균에 의해 생성된 젖산은 적당한 산미와 향미를 주고 pH를 낮추어 유해균의 증식을 억제하며 효모가 생산한 에탄올은 김치에 산뜻한 향을 더하며 이 독특한 향미 성분이 소금과 함께 배추 속으로 스며들어 조화된 맛과 향을 갖게 되는데 이 과정을 숙성이라고 한다. 김치의 발효과정은 숙성기간, 익은 상태 유지 기간, 산패와 연부가 일어나는 기간으로 나눌 수 있다. 숙성기간에는 pH가 급격히 낮아지고 산도와 환원당이 증가하며 이 후 일정 품질 유지 기간에는 pH의 완만한 감소와 산도 증가, 환원당 감소가 일어난다. 발효 말기에는 pH와 산도 변화는 거의 없지만 표면에 산막이 형성되고 당 함량이 점차 감소되면서 산패와 연부 현상이 일어난다.

　　김치 숙성에 관여하는 중요한 미생물은 젖산균과 효모균이다. 김치발효에 관여하는 주요 젖산균에는 락토바실러스 플란타룸(*Lactobacillus plantarum*), 락토바실러스 브레비스(*Lactobacillus brevis*), 스트렙토카카스 파칼리스(*Streptococcus faecalis*), 피디오카카스 세레비세(*Pediococcus cerevisae*), 루코노스톡 메센테로이드(*Leuconostoc mesenteroids*) 등이 있다. 이 중 발효 초기에 번식하는 루코노스톡 메센테로이드는 유기산을 생성하여 김치의 산도를 높여주고 CO_2를 생산하여 김치를 산성화시키는 동시에 혐기성으로 만들어 호기성균의 번식을 억제한다. 락토바실러스 플란타룸은 발효 중기 이후부터 활발하게 증식하여 다량의 젖산을 생산하여 김치가 시어지도록 한다. 또한 락토바실러스 브레비스도 발효 중기 이후에 증식하여 다양한 휘발성 및 비휘발성 유기산, 이산화탄소를 생성하여 pH를 낮추어 부패균의 생육을 억제하고 젖산균이 잘 증식하도록 한다. 스트렙토카카스 파칼리스는 발효 초기에, 피디오카카스 세레비세는 중기 이후에 왕성하게 생육한다. 발효 말기에는 산막효모가 젖산균이 생산한 산을 소모하고 표면 피막을 형성하는데 이 때 효모가 분비한 효소에 의해 김치가 물러지는 연부현상과 냄새가 좋지 않아 먹을 수 없게 된다. 사카로마이시스(*Saccharimyces*), 칸디다(*Candida*), 피치아(*Pichia*), 토룰롭시스(*Torulopsis*) 속의 효모균이 김치 발효에 관여한다.

<u>김치의 제조</u> 김치는 종류에 따라 재료가 다르고 지방과 계절에 따라 맛에 차이가 있지만 기본 제조방법에는 큰 차이가 없다. 원료 배추는 알이 차고 폭이 크며 녹색 잎이 많고 껍질이 얇으며 결구가 단단하고 무거운 것을 선택하며, 무는 중간 크기 이상의 것을 사용하는데 조선무가 좋다.

즐겨 먹는 배추김치를 제조하기 위해 먼저 배추를 깨끗이 씻어 두 쪽으로 쪼개고 소금물을 부어 하루 정도 담가서 완전히 절인다. 이 때 소금물의 농도는 10% 전후로 16~20시간 정도가 적당하다. 소금 농도가 3% 이하이면 김치의 빛깔은 좋으나 쉽게 쉬어지고 물러지며, 너무 높으면 잘 익지 않고 질기며 색과 맛이 나쁘다. 절인 배추는 물에 씻어 물기를 뺀 다음 속을 넣는다.

<u>김치의 숙성</u> 김치의 숙성은 소금 농도, 숙성 온도, 그리고 부재료의 영향을 받는다. 소금의 농도가 높을수록 숙성이 지연되고 산패나 연부는 억제되며, 농도가 낮으면 김치의

빛깔은 좋으나 쉽게 연부된다. 3~5% 식염농도에서는 각종 세균이 번식하고 쉽게 부패하며, 8~10%에서는 일반 부패균의 활동은 억제되지만 젖산균과 효모가 증식하고 10%로 되면 일반 부패균은 생육할 수 없게 되고 젖산발효는 약하게 일어난다. 일반적으로 온도가 낮으면 숙성과 발효 속도가 느리며 온도가 높아지면 숙성속도가 빨라진다. 그러나 저온일수록 숙성은 느리지만 김치의 맛은 좋아진다.

　김치 발효에서 중요한 것은 젖산의 생성으로 젖산은 방부작용을 비롯해 염분을 부드럽게 해주는 작용이 있다(그림 7-7). 김치 발효의 주된 생성물인 유기산과 탄산가스는 김치의 맛을 지배하는 대표적인 성분이며 이들의 생성량은 미생물의 특성과 생육조건(염도, 온도)에 따라 달라진다. 일반적으로 숙성 후기는 유기산의 증가에 비해 pH가 다소 느리게 감소하는데 이것은 유리아미노산과 유기산의 완충작용 때문이다. 또한 발효 중에 비타민 B_1과 비타민 B_2의 증가는 미생물에 의해 합성되었거나 효소에서 유리되어 나온 것으로 여겨지며 비타민 C는 숙성 초기에 감소된 후 다소 증가한다.

김치 국물이 걸쭉해지는 이유는?
김치 제조 시 첨가한 설탕이 발효에 관여하는 젖산균인 루코노스톡 메센테로이드(*Leuconostoc mesenteroids*)가 분비하는 효소(덱스트란 수크라제)에 의해 덱스트란이 생성되어 김치 국물이 걸쭉해진다.

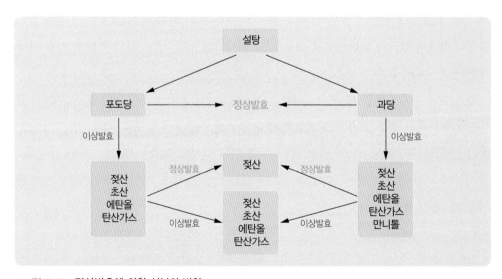

그림 7-7　젖산발효에 의한 성분의 변화

김치의 가공과 저장   김치는 -5℃에서 저장하면 국물은 얼고 배추는 얼지 않아 0~-5℃에서 저장하고 있으나, 겨울에는 -1℃, 여름에는 -3~-2℃에서 저장하면 좋다. 보통 상품으로 유통되는 것은 0~4℃로 보관하도록 되어 있다. 유통기간은 발효숙성 후 균일상태를 유지하는 기간이며 산패가 일어나지 않아야 한다. 상품으로서 유통기한은 제조일로부터 약 20일이며 0~2℃에서 3개월 정도 경과하면 시어진다. 식품공전에서는 직사광선을 받지 않는 서늘한 곳에 보관하며 권장유통기한은 살균제품은 6개월, 기타제품은 7일로 하며 10℃ 이하의 냉장제품은 28일이다. 김치를 담는 용기는 재래식 독을 비롯하여 유리병, PVC병, PE비닐, 파우치 용기를 사용한다. 김치를 포장할 때 가열처리하는 경우 85℃에서 15분 이내 살균이 적당하다.

김치의 국제규격   우리나라는 김치의 국제규격을 국제식품규격위원회(CODEX)에 제출하여 인정받고 있다. 김치는 산도가 1.0 이하, 배추 등 고형물이 80% 이상, 소금의 농도 1.5~4.0, 중금속은 kg당 10.0mg을 초과하지 않도록 규정하고 있다.

(2) 단무지

단무지는 효모의 작용으로 쌀겨 속의 전분이 당화와 발효에 의해 생성된 젖산, 부티르산과 무의 함황화합물들이 숙성되면서 방향성분이 된다. 단무지의 재료는 무, 쌀겨, 소금, 감미료, 색소 등이며, 무는 연마종과 궁중무를 주로 사용한다. 무는 희고 양끝이 가늘고 길어 건조하기 쉬운 것을 사용하며 감미료로는 설탕, 감초, 사카린 등을, 색소로는 식용황색색소인 타트라진이나 치자 등을 사용한다.

단무지의 맛은 무의 건조상태에 의해 결정되는데 무를 건조시켜 담그거나 무에 소금을 넣고 눌러 절여서 담는 법이 있다. 단무지는 그림 7-8과 같이, 통을 깨끗이 건조한 후 소금을 뿌리고 쌀겨, 소금, 색소, 감미료 등을 첨가하여 건조한 무를 정렬하여 담고 그 위에 다시 소금과 부재료를 뿌린다. 이와 같은 작업을 여러 번 반복하여 잘 다져 넣고 뚜껑을 덮은 다음 무거운 돌을 얹어 놓는다. 3~5일이 지나면 액즙이 나오고 무가 밑으로 가라앉게 되며 이 때 돌을 걷어내고 표면에 마른 무청을 얹고 뚜껑을 덮고 다시 돌을 얹어서 온도변화가 적은 서늘한 곳에 저장한다.

| 무 | → | 건조 | → | 양념첨가 | → | 담그기 | → | 숙성 | → | 저장 | → | 제품 |

그림 7-8 단무지의 제조공정

(3) 피클

피클은 오이, 마늘, 양파, 콜리플라워와 같은 채소에 주로 소금, 식초, 간장이나 혹은 기타 향신료를 첨가하여 절인 식품으로 피클 조미액의 pH가 낮아 미생물의 증식이 억제되기 때문에 저장성이 부여된다. 피클에는 원료를 소금 절임하여 젖산발효를 일으킨 발효피클과 발효시키지 않고 단지 초에 담근 간이피클이 있다. 피클용 오이는 미숙하고 짧고 둥글며 육질이 단단한 것이 좋다. 오이를 씻어 자르거나 통째로 8~10%의 소금물에 담가 20일 정도 발효를 시키면 오이는 녹갈색이 되고 산의 농도는 1.2%가 된다. 발효가 끝난 것은 맑은 물에서 하룻밤 담가 염분을 빼고 조미액을 침투시키면 먹을 수 있다. 피클용 조미액은 양파, 건고추, 계피, 월계수잎 등을 우려낸 액에 양조식초, 소금, 향료 등을 넣어 사용한다.

4) 채소 통조림

용도에 따라 주로 물이나 소금물을 넣은 제품이 많고 일반적으로 pH가 4.5~6.5로 높아 내열성 세균에 의한 부패를 방지하기 위해 과일 통조림에 비해 높은 온도조건에서 살균을 해야 한다. 채소 통조림은 신선한 원료를 사용하여 채소 원래의 색깔과 풍미를 유지시키는 것을 목적으로 한다. 소금물은 보통 2% 정도를 사용하며, 소금은 순도가 높은 99% 이상의 것을 이용한다.

(1) 죽순 통조림

죽순은 수확 초기 및 중기의 것으로 모양이 작으며 마디 사이가 짧고 단백색이며 육질이 부드럽고 향기와 풍미가 좋은 것이 적당하다. 수확 후 변질이 빨리 일어나므로 반입 즉시 처리하도록 한다. 겉껍질을 벗긴 후 끓는 물에서 열처리하고 급랭한 후 대칼로 속껍질을 떼어내고 뿌리 부분은 칼로 둥글게 다듬는다. 다듬은 죽순은 물에 담가 티로신을 제거하여 제품의 액이 흐려지지 않도록 하고 선별하여 담은 후 더운 물을 붓고 탈기, 밀봉하여 살균한다.

(2) 완두콩 통조림

통조림용 원료로는 알이 작고 둥근 종이 많이 이용된다. 성숙도가 70~80% 정도로 깍지가 아직 녹색이고 윤이 나며 알이 충실하고 수분이 많아 날로 먹으면 단맛이 나는 시기에 수확한다. 완두콩의 깍지를 깐 후 선별하고, 열처리와 황산구리에 의한 착색을 동시에 실시한다. 착색 후 즉시 냉각시키고 물에 담가서 과잉의 구리염을 씻어낸 후 2~3%의 더운 소금물로 충진하여 탈기, 살균하여 바로 냉각한다. 냉각이 지연되거나 냉각이 불충분하면 완두콩이 허물어지며 색깔이 나빠지고 액이 흐려진다.

(3) 양송이 통조림

양송이는 우산(갓)이 피기 12시간 전후가 좋고, 지름이 2~4cm 되는 것을 표준으로 하여 채취한다. 양송이는 육질이 부드러워 외부로부터 상처를 받기 쉬울 뿐 아니라 산화, 변색이 쉬우므로 주의 깊은 전처리가 필요하다. 선별, 세척이 끝나면 100℃에서 4~8분 또는 80~85℃에서 8~15분간 열탕처리를 하고 급냉하여 갈변을 방지한다. 선별하여 통에 담고 2~3%의 더운 소금물을 넣어 탈기한 다음 밀봉, 살균, 급냉한다.

5) 토마토 가공품

토마토의 덜 익은 부분의 엽록소는 가열에 의해 갈변되므로 가능한 한 잘 익은 원료를 사용하고 리코펜은 철, 구리에 의해 갈변되므로 가공 중 금속과 접하지 않도록 한다. 감압 하에서 가열, 농축하는 것이 색깔이 좋고 비타민 C의 보존에도 좋다.

(1) 토마토 퓌레

토마토 퓌레는 토마토를 파쇄하여 껍질, 씨 등을 제거한 과육과 액즙인 토마토 펄프를 농축하거나 약간의 소금을 넣어 농축한 것이다. 토마토는 색깔과 풍미가 좋으며 수분이 적고 고형물이 많은 품종이 적합하다.

원료 토마토는 세척, 선별한 후 이를 파쇄기로 파쇄하고 이를 그대로 여과(냉법, cold pulping)하거나 가열 후 여과(열법, hot pulping)하여 펄프를 만든다. 농축은 저온에서 단시간에 하는 것이 좋으며 농축 초기에 거품이 생기면 면실유나 올리브유를 조금 넣거나 물을 뿌려 거품을 제거한다. 농축 후 피니셔에 통과시켜 육질을 균일하게 한 후 충진, 밀봉, 살균, 냉각한다. 토마토 퓌레를 더 농축하여 전 고형물을 25% 이상으로 한 것이 토마토 페이스트이다.

(2) 토마토 케첩

토마토 퓌레에 향신료, 조미료, 소금 등을 넣어 농축한 것으로 그 배합비에 따라 제품의 다양한 특징을 나타낼 수 있다. 향신료로는 양파, 마늘, 계피, 고추, 정향, 후추, 생강 등이, 조미료로는 설탕, 소금, 식초 등이 사용된다.

(3) 칠리소스

케첩에 비해 양파, 마늘, 고추 등을 더 많이 사용하고 토마토를 거칠게 썬 것이 들어 있다. 거르지 않아 비교적 큰 토마토 과육조각이 섞여 있으므로 광구병에 담는다.

(4) 토마토 주스

원료 토마토는 완숙된 것이 좋으며, 토마토를 선별, 세척하고 파쇄기로 파쇄한 후 예열기에서 30~40초 내에 80℃까지 가열하여 산화효소와 펙틴 분해효소를 불활성화시킨다. 가열한 과즙은 압착기로 착즙하여 껍질과 씨를 제거하고 과즙에 0.5~1.0%의 소금과 적당량의 설탕, 향신료를 첨가하여 용해, 균질화하고 병조림과 통조림을 한다.

> **토마토 솔리드팩이란?**
> 익은 토마토의 껍질을 벗기고 소량의 소금을 넣어 통조림하거나 토마토 퓌레를 함께 넣어 통조림한 것으로 식용하거나 요리의 재료로 사용한다.

CHAPTER / 08

축산물 가공

축산물 가공

1. 육가공

1) 식육의 분류와 조성

식육에는 근육조직을 중심으로 지방조직, 결합조직 외에 보통의 조리에서 제거되지 않는 지방, 신경, 혈관, 림프관, 인대, 막, 연골 등이 포함되어 있다. 식육은 생체 내에서 기능과 형태가 다른 세 종류의 근육(골격근, 심근, 평활근) 중 골격근을 주체로 하는 식품이며, 심근과 평활근은 부산물로 이용되고 있다. 골격근은 수의근(voluntary muscle)이라고도 하며 뼈에 부착되어 있고 의지에 따라 그 운동을 조절할 수 있는 횡문근이다. 심근은 심장을 형성하고 자동적으로 박동을 계속하는 횡문근이다. 평활근은 불수의근(involuntary muscle)으로서 주로 혈관, 식도, 위 등 내장에 존재하고 자율신경의 지배를 받기 때문에 의지에 따라 움직이지 않는 근육이다.

축산물 위생관리법 제2조(정의)에 의하면,

- '식육'이란 식용을 목적으로 하는 가축의 지육, 정육, 내장, 그 밖의 부분을 말한다.

축산물의 가공기준 및 성분규격 [식약처고시, 제2013-244 ('13.12.10)]에 의하면,

- '식육'이라 함은 식용을 목적으로 하는 가축의 지육, 정육, 내장, 그 밖의 부분

- '지육'은 머리, 꼬리, 발 및 내장 등을 제거한 도체(carcass)
- '정육'은 지육으로부터 뼈를 분리한 고기
- '내장'은 식용을 목적으로 처리된 간, 폐, 심장, 위장, 췌장, 비장, 콩팥 및 창자 등
- '그 밖의 부분'은 식용을 목적으로 도살된 가축으로부터 채취, 생산된 가축의 머리, 꼬리, 발, 껍질, 혈액 등 식용이 가능한 부위를 말한다.

(1) 골격근의 구성

식품의 가공에는 생체의 30~40%를 차지하는 골격근을 사용한다. 골격근은 폭 0.01~0.1mm, 길이 수 cm~십수 cm의 가늘고 긴 실모양의 근섬유(근세포)로 되어 있다. 각 근섬유는 근내막이라 부르는 결합조직에 둘러싸여 있고, 모세혈관과 신경이 분포한다. 50~150개의 근섬유가 모여서 1차 근속을 만들고, 이것이 수십 개 모여서 2차 근속이 되는데, 이들 근속은 근주막이라는 결합조직에 싸여 있다(그림 8-1).

다수의 근섬유 사이에는 비교적 소량의 결합조직, 혈관, 신경 및 지방조직이 존재한다. 결합조직은 체내의 여러 조직을 연결하고 유지하는 조직으로 근섬유뿐 아니라 건, 기관, 혈관, 신경섬유 등의 주위구조로서 몸 전체에 광범위하게 분포되어 있다. 지방조직은 지방세포가 결합조직에 의해 연결되어 주로 피하, 기관의 주위, 복강 등에 다량으로 존재하면서 체온유지, 기관보호, 영양물질의 축적작용을 한다. 지방이 근육조직 내에 침착되면 육질이 향상된다.

(2) 식육의 성분 및 조성

식육의 화학적 조성은 동물의 종류, 나이, 채취부위 및 영양상태 등에 따라 달라진다(표 8-1). 일반적으로 수분함량과 지방함량은 상호 반비례 관계의 경향이 있어 지방함량이 많은 고기는 상대적으로 수분량이 적어진다. 수분은 영양성분은 아니지만 보수성에 따라 육의 풍미와 육질에 밀접한 관계가 있어 중요한 성분이라 할 수 있다.

식육은 부위에 따라 성분과 맛이 다르다. 국내에서 유통 중인 쇠고기와 돼지고기의 부위별 명칭은 그림 8-2와 같다. 쇠고기의 경우 축산물품질평가원에 따르면 쇠고기는 육량등급(소 한 마리에서 얻을 수 있는 고기의 양이 많고 적음)으로 A, B, C 등급으로 구분하

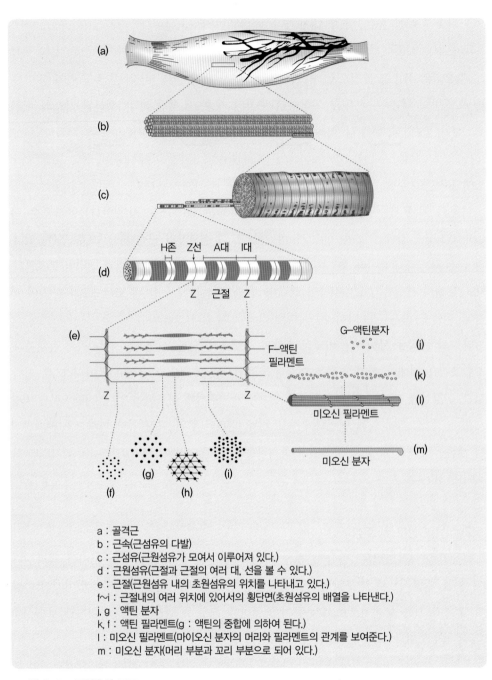

H존　Z선　A대　I대

Z　근절　Z

G-액틴분자

F-액틴
필라멘트

(j)

(k)

(l)

미오신 필라멘트

(m)

미오신 분자

a : 골격근
b : 근속(근섬유의 다발)
c : 근섬유(근원섬유가 모여서 이루어져 있다.)
d : 근원섬유(근절과 근절의 여러 대, 선을 볼 수 있다.)
e : 근절(근원섬유 내의 초원섬유의 위치를 나타내고 있다.)
f~i : 근절내의 여러 위치에 있어서의 횡단면(초원섬유의 배열을 나타낸다.)
j, g : 액틴 분자
k, f : 액틴 필라멘트(g : 액틴의 중합에 의하여 된다.)
l : 미오신 필라멘트(마이오신 분자의 머리와 필라멘트의 관계를 보여준다.)
m : 미오신 분자(머리 부분과 꼬리 부분으로 되어 있다.)

그림 8-1　근섬유의 구조

표 8-1 **각종 고기의 일반성분(가식부 100g 중)**

종류	수분 (g)	단백질 (g)	지질 (g)	Ca (mg)	P (mg)	Vit. B₁ (mg)	Vit. B₂ (mg)
쇠고기(한우) 등심	63.8	21.0	14.1	11	165	0.07	0.19
쇠고기(한우) 양지	68.0	21.6	9.2	8	187	0.08	0.18
돼지고기 등심	61.6	21.1	16.1	7	187	0.56	0.16
돼지고기 삼겹살	53.3	17.2	28.4	8	132	0.68	0.30
닭고기	70.1	18.5	10.4	11	169	0.10	0.15
오리고기	55.3	16.0	27.6	15	180	0.21	0.31

고 육질등급(고기의 품질 정도)은 1++, 1+, 1, 2, 3 등급으로 구분한다. 돼지고기의 경우는 품질정도, 도체중, 등지방두께 및 외관 등을 종합적으로 고려하여 1+, 1, 2등급으로 구분한다.

　　단백질　단백질은 수분을 제외한 모든 고형분의 약 80%를 차지한다. 근육단백질은 조직 내에서의 기능, 존재위치 및 각종 염용액에 대한 용해도의 차이에 따라 근원섬유 단백질, 육장단백질, 결합조직 단백질로 구분한다.

　　근원섬유 단백질은 근육의 전체 단백질량에 대하여 약 56%를 차지하며, 근육의 수축과 이완에 관계하는 단백질이다. 미오신(약 60%)과 액틴(약 20%)은 서로 결합하여 액토미오신을 형성하는데, 근원섬유 내의 미오신과 액틴은 양손가락을 서로 엇갈려 끼운 것과 같은 상태로 길이가 짧아지거나 길어지면서 근육의 수축과 이완에 직접 관여한다. 또, 이와 같은 근수축 운동의 조절에 관여하는 트로포미오신 및 트로포닌과 같은 주요 조절 단백질들도 존재한다. 이들 단백질들은 육가공 시 제품의 결착성과 밀접한 관계가 있어 이들의 생화학적 변화는 육질을 좌우하고 육제품의 품질에 영향을 준다.

　　육장(근장)단백질의 대부분은 미오겐, 글로불린 X, 미오알부민 및 미오글로빈(육색소) 등의 수용성 단백질과 핵, 미토콘드리아 등의 세포 내 소기관 단백질들이 함유되어 있다. 수용성 단백질의 대부분은 육가공상의 결착성과는 관련이 없다.

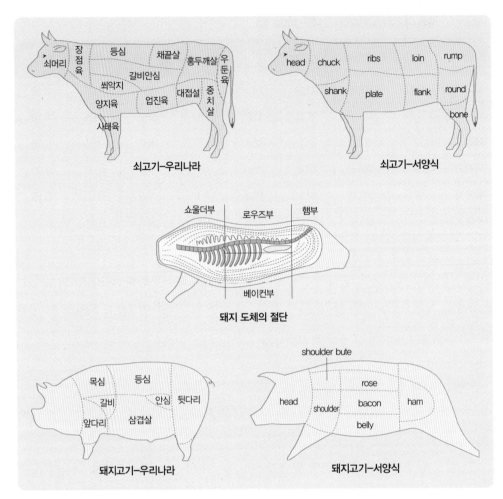

그림 8-2 식육의 부위별 명칭

결합조직 단백질은 인대, 힘줄 등을 구성하는 단백질로 콜라겐(90% 이상), 레티큘린 및 엘라스틴으로 구성되어 있다. 콜라겐은 물에 넣어 끓이면 젤라틴으로 변하며, 분자 간 가교결합의 정도에 따라 용해도가 달라진다. 일반적으로 동물이 성장함에 따라 불용성 콜라겐이 증가되어 식육의 경도가 증가한다. 엘라스틴은 건과 인대에 함유된 탄성이 높은 섬유이지만 함유량이 약 3%에 불과하여 식육의 성질에 크게 영향을 주지 않으며 물에 넣어 끓여도 연화되지 않고 효소에 의해서도 잘 분해되지 않는다. 레티큘린은 아미노산 조성이 콜라겐과 유사하나 콜라겐과는 다른 당단백질이 결합되어 있는 것으로 알려져 있다.

지질　단백질 다음으로 많이 함유된 지질은 동물의 종류와 부위, 영양상태 등에 따라 그 함량 변동이 가장 심한 성분이다. 피하와 근육 간에 존재하며, 에너지원으로 이용할 수 있는 축적지방과 장기 등의 조직에 들어 있는 조직지방으로 구분된다. 육질을 향상시키는 것은 축적지방으로 대부분이 중성지질로 구성되어 있다.

당질　육류에 들어 있는 당질은 글리코겐이 가장 많아 약 0.5~1.0% 함유되어 있으며, 특히 말고기에는 1.5~2.0%로 그 함량이 높다. 글리코겐 함량은 사후근육에서 일어나는 생화학적 변화와 밀접한 연관이 있어 사후경직의 해제로 포도당과 젖산으로 변하여 보수력과 연화도를 증가시킨다.

무기질 및 비타민　무기물 함량은 동물의 종류에 관계없이 약 1~1.5%이다. 특히 칼륨, 인, 황이 많고 칼슘 등이 적게 들어 있는 전형적인 산성식품이다. 비타민으로 니코틴산, 판토텐산이 상당히 많고, 비타민 B_1 및 B_2가 많이 함유되어 있다. 비타민 B_1의 함량은 고기의 부위에 따라서는 큰 차이가 없지만, 돼지고기에는 다른 육류에 비해 많이 함유되어 있다.

가용성 비단백태질소 화합물　물에서 가열조리 시 용출되는 성분을 광의의 엑기스분이라 하고, 여기서 단백질, 지질, 무기질 및 비타민을 제외한 유기화합물을 협의의 엑기스분이라 한다. 비단백태질소 화합물은 약간의 유기산(대부분 젖산) 및 당질 등과 같이 존재한다. 주요 성분으로 뉴클레오티드, 구아니딘, 아미노산 및 펩티드 등이 있으며 육수의 정미성분으로 감칠맛에 기여한다.

2) 육류의 사후경직과 숙성

동물의 근육은 사후 시간이 경과함에 따라 물리적 또는 화학적 성질이 크게 변화하며 이러한 근육의 사후변화는 육질에 큰 영향을 주게 된다.

(1) 가축의 도살

가축과 가금은 건강할 때 도살하며 질병이 있거나 임신한 가축은 도살할 수 없다. 도살 전 12~24시간 동안의 휴식으로 안정을 취하게 하면서 절식시키되 물은 자유롭게 먹게 하여 내장을 비우게 한다. 도살은 타격법, 전살법, 총격법, 자격법 또는 CO_2 가스법을 이용하여야 한다(축산물가공처리법 시행규칙 제2조). 방혈 후 도체를 절단하여 해체한 후 검사에 합격한 것에는 보라색 검인을 찍고 2℃ 내외의 냉각실에 저장한다.

(2) 육류의 사후변화와 품질

__사후경직__ 도살 직후의 고기는 부드럽고 탄성이 크며 보수력이 높다. 하지만 일정시간이 지나면 굳어지고 장력이 발생하여 보수력이 크게 저하하고 질겨서 가열하여도 먹기에 적합하지 않은 상태가 된다. 이러한 현상을 사후경직이라 한다.

사후경직은 근육 내 에너지 대사와 밀접한 관련이 있다. 동물의 사후 호흡이 정지됨에 따라 TCA 회로에 의한 ATP 공급이 중단되고 미오신-ATP아제(myosin-ATPase)에 의해 분해되기 시작하며, 글리코겐의 분해로 젖산이 생성된다. ATP의 농도가 어느 한계 이하로 저하되면 액틴과 미오신은 서서히 결합하여 액토미오신이 되면서 사후경직이 시작된다. ATP의 농도가 더욱 낮아지고 젖산에 의해 pH가 계속 저하되어 최종 pH에 도달하게 되면 액틴과 미오신 간의 불가역적 상호결합이 더욱 많아져서 근육은 강력한 장력을 발생시키며 최대경직기에 이른다(그림 8-3). 경직이 시작되는 시간은 일반적으로 크기가 작은 동물의 경우에는 30분~1시간 정도로 빠르고(닭은 30분, 칠면조는 1시간 이내), 크기가 큰 동물의 경우에는 1~12시간 정도로 느린 편이다(소는 6~12시간, 돼지는 1~3시간). 또한 최대경직 시간은 동물의 종류, 나이, 영양상태, 도살 시의 흥분상태, 온도 등에 따라 달라진다. 온도가 높으면 사후경직은 빠르고, 온도가 낮으면 사후경직도 늦어진다. 경직 중에 있는 고기는 가열하여도 부드럽지 못하고, 가공 시에도 육단백질의 수화력이 감소하여 결착성이 나빠지므로 좋은 제품을 얻을 수 없다.

__경직해제와 숙성__ 경직기를 지난 근육은 다시 연해지고 아미노태질소가 증가하므로 풍미가 좋아진다. 그러므로 식육을 이용할 경우 먼저 근육의 경직상태를 해제시킬 필요가

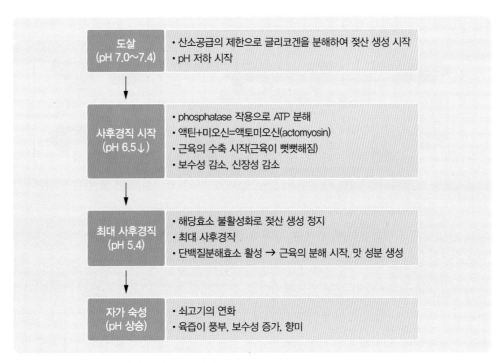

도살 (pH 7.0~7.4)	• 산소공급의 제한으로 글리코겐을 분해하여 젖산 생성 시작 • pH 저하 시작
사후경직 시작 (pH 6.5↓)	• phosphatase 작용으로 ATP 분해 • 액틴+미오신=액토미오신(actomyosin) • 근육의 수축 시작(근육이 뻣뻣해짐) • 보수성 감소, 신장성 감소
최대 사후경직 (pH 5.4)	• 해당효소 불활성화로 젖산 생성 정지 • 최대 사후경직 • 단백질분해효소 활성 → 근육의 분해 시작, 맛 성분 생성
자가 숙성 (pH 상승)	• 쇠고기의 연화 • 육즙이 풍부, 보수성 증가, 향미

그림 8-3 소의 사후경직 및 숙성 중의 변화

있는데, 이를 해경 또는 숙성이라 한다. 숙성은 근육 자체가 가지고 있는 효소가 단백질을 분해시켜 근육을 부드럽게 하는 것이므로 자가소화라고도 한다.

숙성에 닭은 2일 정도, 돼지 및 말은 3~5일, 소는 7~10일이 필요하다. 온도에 따라서도 숙성 속도가 달라져, 쇠고기의 경우 0℃에서는 10일 정도, 8~10℃에서 4일 정도, 15℃에서 2일 정도가 적당하다. 그러나 고기는 각종 영양소가 풍부하고 경직이 해제될 무렵부터는 미생물의 증식이 활발해져 고온에서 숙성은 빠르나 부패가 수반되므로 저온에서 서서히 진행시키는 것이 안전하다. 바람직한 쇠고기의 숙성조건은 온도 0℃, 습도 80~85%에서 7~10일 정도이다.

3) 육류의 가공

육가공이란 원료육을 용도에 맞게 절단하여 분쇄, 염지, 훈연 및 가열 등의 과정을 거쳐 육제품을 만드는 과정을 말한다. 일정한 품질과 기호성이 높은 제품을 만들려면 원료육의 특성과 각 공정의 목적 및 효과에 대한 이해가 필요하다.

(1) 육가공의 원리

염지　염지(curing)는 소금과 기타 첨가물을 혼합하여 고기에 간을 하는 것으로, 고기의 저장성을 높이고, 제품의 풍미와 빛깔을 좋게 하며 보수성과 결착성을 높일 수 있는 가장 중요한 가공작업이다. 염지의 재료와 특징은 표 8-2와 같으며, 염지방법은 크게 완만염지법과 신속염지법의 두 가지로 나눈다. 완만염지법에는 건염법과 습염법이 있다. 건염법은 식염과 염지제를 육에 뿌려 문지르거나 혼합하여 냉장온도에서 숙성시키는 방법이고, 습염법은 식염과 염지액에 육을 담가서 냉장온도에서 숙성시키는 방법이다. 신속염지법에는 대표적으로 염지액 주입법이 있으며, 혈관주입법과 근육주입법이 있다. 최근에는 수십 개의 바늘이 달린 주사기로 염지액을 주입한 후 염수에 담그는 방법이 햄과 베이컨의 일반적인 염지법으로 사용된다. 염지제가 육 전체에 균일하게 들어갈 수 있고, 염지기간이 단축되며, 발색제로 부패를 유발할 수 있는 질산염 대신 아질산염을 사용하므로 위생적이다.

만육　만육(grinding)은 초퍼를 사용하여 고기 중에 들어 있는 연골이나 결체조직 등

표 8-2　**염지재료의 종류와 특징**

염지재료	특징
소금	•염지에 필수적인 재료 •맛과 방부성 부여 •염용성 단백질을 용출시켜 결착성 증진
아질산염 및 질산염	•발색제로 사용되어 육색소를 안정화 •미생물의 성장억제 작용과 제품의 풍미 향상 •나트로스아민과 같은 발암성 물질 유발 우려
설탕	•제품의 풍미 개선 •고기를 연하게 하므로 소금에 의하여 굳어지는 것 방지
기타	•산화방지제 : 지방이나 색소의 산화방지 •보존제 : 세균의 발육 억제

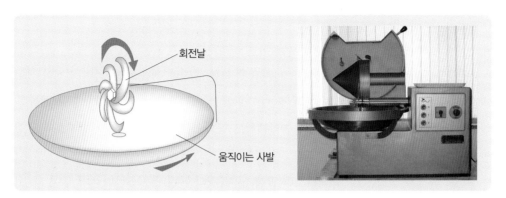

그림 8-4　사이런트커터
자료: http://eqs.gwtp.or.kr/file/equipment/4-image111.jpg

을 파쇄하고 고기를 갈아서 다음 공정을 용이하게 하는 작업을 말한다. 원료육의 결체조직이 많을 경우 칼날에 결체조직이 엉겨서 고기가 갈리지 않으므로 이를 충분히 제거하고 작업하는 것이 좋다.

유화　주원료인 고기와 지방, 부원료인 향신료와 조미료 및 증량제 등을 균일하게 세절, 혼합하고 한편으로는 전체의 결착력과 유화력을 최대한 강화하는 것이 이 공정의 목적이다. 소시지육을 만드는 공정에 주로 사용되며 사이런트커터(silent cutter, 그림 8-4)를 사용한다.

케이싱　케이싱(casing)은 다진 고기를 넣는 포장재료이자, 충전과정이다(그림 8-5).

케이싱은 내용물을 충전할 때 파손되지 않아야 하며, 충전 및 결찰 압력에 견딜 수 있어야 한다. 돼지와 양의 소화관이나 장관으로 만든 천연 케이싱은 통기성이 있어 훈연이 가능하고 신축성이 있으며 소화가 가능하므로 그대로 먹을 수 있다. 그러나 저장성이 저하되므로 진공 포장하여야 한다. 인조 케이싱은 셀룰로스, 재

그림 8-5　소시지 충전 과정

생콜라겐, 플라스틱 필름 등으로 만든다.

   __훈연__   훈연(smoking)은 고기를 건조시키고 독특한 풍미와 색을 나게 하며 지질의 산화 방지 효과가 있다. 염지한 고기나 세절육을 케이싱에 넣고 훈연하며, 연기 중의 페놀류, 알코올류, 알데히드, 케톤, 포름산, 포름알데히드 등의 작용으로 연해지고 방부효과도 얻을 수 있다.

   훈연의 목적과 장점은 ① 육색의 고정발색, ② 육질의 안정, ③ 색택과 풍미 부여, ④ 최종제품의 기호성 향상, ⑤ 제품 표면의 pH 저하로 보존성 향상, ⑥ 살균 및 정균물질의 부착효과, ⑦ 산화방지물질의 부착효과 등이다.

   훈연의 재료로는 수지가 적은 나무가 좋고, 나라와 지방에 따라 구하기 쉬운 수종을 사용하는데, 활엽수가 좋으며 침엽수는 재료의 풍미를 나쁘게 한다.

   훈연 시 태우는 온도는 훈연에 의한 색택과 풍미에 영향을 주는데, 훈연온도에 따라 훈연법을 구분한다.

- 냉훈법 : 15~30℃에서 1~3주일, 장시간이 걸려 시간과 노동력이 많이 소요되나 저장성이 좋다. 발효소시지 등 고급 육제품의 제조에 사용되며 감량 발생이 크고 발색이 좋지 않은 단점이 있다.
- 온훈법 : 30~50℃에서 1~3일, 가장 많이 사용하는 방법으로 비교적 오랜 시간이 필요하나 저장성이 좋다.
- 열훈법 : 50~80℃에서 5~12시간, 단시간 훈연이 가능하나 저장성이 적다.
- 배훈법 : 120~140℃에서 2~4시간, 거의 바비큐식 조리로 저장보다는 바로 식용하는 것이 목적이다.
- 전기훈연법 : 방전으로 하전된 고기와 훈연성분의 결합을 촉진시키는 방법이다.
- 액체훈연법 : 목초액(나무를 태울 때의 연기를 응축시켜 액체화 한 것)에 육류를 침지하여 연기성분을 침투시키는 방법으로 농도가 일정하게 훈연되고 재현성이 높아 경제적이다. 전문육가공 업체에서 주로 사용하는 훈연 방법으로 대량 생산에 용이하다.

<u>가열</u>　육가공에서 가열은 병원균을 사멸시켜 안전성을 높이고 변패균을 살균하여 보존성을 높이기 위함이다. 또한 육색이나 풍미 등에 독특한 기호성을 부여한다. 가열 시 중심부의 온도를 63℃에서 30분 간 가열하는 방법 또는 이와 동등 이상의 효력을 갖는 방법으로 살균하여야 한다. 일반적으로 햄, 베이컨, 소시지는 제품을 물속에 넣고 가열하는 탕자법이나 증기로 찌는 증자법을 사용한다.

(2) 식육가공품의 종류

축산물 위생관리법에 의한 축산물 가공기준 및 성분규격에 의하면 식육가공품은 식육(소, 돼지, 양, 염소, 토끼, 닭, 칠면조, 오리, 꿩, 메추리 등 식생활 관습상 통상적으로 사용되는 고기와 식용 가능한 장기류 및 부산물)을 주원료로 하여 제조 가공한 햄류, 소시지류, 베이컨류, 건조저장육류, 양념육류, 분쇄가공육제품, 갈비가공품, 식육추출가공품, 식용우지, 식용돈지 등을 말한다.

<u>햄류의 가공</u>　돼지의 넓적 다릿살 및 엉덩이 부위육을 가지고 육제품을 만들어 햄이라 불렀으나, 최근에는 앞다릿살, 등심이나 안심 등을 세절하지 않고 원래 모양 그대로 정형 염지한 후 훈연 숙성하거나, 훈연 숙성 후 열처리한 고급 육제품도 생산되고 있다. 우리나라의 축산물위생관리법에 의하면 햄류란 식육을 부위에 따라 분류하여 정형 염지한 후 숙성·건조하거나 훈연 또는 가열처리한 것 또는 식육의 육괴에 다른 식품 또는 식품첨가물을 첨가한 후 숙성·건조하거나 훈연 또는 가열처리하여 가공한 것을 말하며 다음과 같은 유형이 있다.

- 햄 : 식육을 부위에 따라 분류하여 정형 염지한 후 숙성·건조하거나 훈연 또는 가열 처리하여 가공한 것을 말한다(뼈나 껍질이 있는 것도 포함한다).
- 생햄 : 식육의 부위를 염지한 것이나 이에 식품첨가물 등을 첨가하여 저온에서 훈연 또는 숙성·건조한 것을 말한다(뼈나 껍질이 있는 것도 포함한다).
- 프레스햄 : 식육의 육괴를 염지한 것이나 이에 다른 식품 또는 식품첨가물을 첨가한 후 숙성·건조하거나 훈연 또는 가열처리한 것을 말한다(육함량 85% 이상, 전분 5% 이하의 것).

- 혼합프레스햄 : 식육의 육괴 또는 이에 어육의 육괴(어육은 전체 육함량의 10% 미만이어야 한다)를 혼합하여 염지한 것이거나, 이에 다른 식품 또는 식품첨가물을 첨가한 후 숙성·건조하거나 훈연 또는 가열처리한 것(육함량 75% 이상, 전분 8% 이하의 것)을 말한다.

대표적인 햄류의 제조공정을 살펴보면 다음과 같다.

- 본인햄(bone-in-ham, regular ham) : 뼈를 포함하여 가공한 햄을 말하는데, 뼈가 달린 채로 만든 제품이다. 원료육은 햄(ham) 부위를 사용하고 자르는 방법에는 롱컷(long cut)과 숏컷(short cut)이 있다. 피빼기는 변패의 원인이 되는 잔존혈액을 제거하는 공정으로 소금, 질산염, 아질산염의 혼합염을 원료육 표면에 잘 비벼준 후 바닥에 구멍이 있는 염지통에 넣고 경사진 곳에 두어 혈액을 배출시킨다. 피빼기가 끝나면 고기에 피클액을 주입하여 쌓고 염지액에 한 번씩 뒤집으면서 침지한 후, 흐르는 물에 담갔다가 꺼내는 소금기를 빼는 수침공정으로 원료육 내외의 염농도를 균일하게 한다. 수침이 끝나면 다리 쪽 끝부분을 훈연실에 매달고 30℃에서 24시간 건조시킨 후 50~60℃에서 1~2일간 훈연을 실시한다. 훈연이 끝나면 훈연실에서 꺼내어 방냉하고 진공 포장한다.
- 본레스햄(boneless ham) : 뼈를 빼고 원통형으로 말아서 만든 제품으로, 보통 물에 익히므로 보일드로울드햄(boiled rolled ham)이라고도 한다. 일반적으로 롱컷햄부위를 사용하여 피빼기, 염지, 수침을 한 다음 골반골, 슬개골, 대퇴골을 차례로 떼어내고 정형을 한다. 골발과 정형이 끝나면 햄의 모양을 만들기 위해 틀에 넣어 압축하거나 면포로 싸서 양끝을 묶은 후 원통형이 되도록 나선형으로 감는다. 이때 끈이 느슨하면 결착력이 나빠지므로 유의해야 한다. 본레스햄은 본인햄과 달리 저장성이 적으므로 40~50℃에서 5~6시간 건조한 후, 50~60℃에서 5~10시간 훈연한다. 훈연이 끝나면 제품의 중심온도가 65℃로 30분 이상 지속되도록 70~75℃ 물속에서 가열하고 가열처리가 끝나면 냉각 후 진공포장한다.
- 프레스햄(pressed ham) : 햄과 소시지의 중간적인 특성을 갖는 육제품으로 외관이나

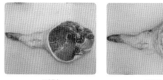 
조직은 햄에 가깝지만 제법은 소시지와 비슷하다. 적당한 크기로 토막 낸 원료육과 조미료, 식품 첨가물, 향신료, 녹말 등을 첨가하여 성형한 후 가열하여 만든 저급 햄이다.

• 로스트햄(roast ham) : 돈육의 등심 부위를 정형하여 조미료, 향신료 등으로 염지시킨 후 케이싱 등에 포장하거나, 또는 포장하지 않고 훈연하거나 또는 훈연하지 않고 수증기로 찌거나 끓는 물에 삶은 햄으로 햄 표면에 지방층이 하얗게 덮여 있는 것이 특징이다.

그 밖에 부위별로 로인햄(loin ham: 돼지의 등심 부위육을 가공한 햄), 안심햄 또는 텐더로인햄(tenderloin ham: 안심부위육을 가공한 햄), 피크닉햄(picnic ham: 목등심 또는 어깨등심 부위육을 가공한 햄), 숄더햄(shoulder ham: 어깨 부위를 가공한 햄), 벨리햄(belly ham: 돈육의 뱃살 부위를 가공한 햄) 등이 있다.

또한 세계적으로 잘 알려진 햄 제품으로는 락스 햄(Lachs ham: 등심, 어깨, 넓적다리 등을 훈연 과정만 거치고 가열하지 않은 생햄으로 연어색이 특징), 아르덴 햄(Jambon d'Ardenne : 벨기에, 프랑스, 룩셈부르크에 걸친 아르덴 숲 지대에서 발달한 저온숙성 햄), 하몬(Jamón: 스페인식 전통 햄), 세라노 햄(Jamón Serrano: 스페인 산악지방에서 발달한 햄으로 돼지고기를 소금에 절여서 공기 중에 말린 햄), 프로슈토(Prosciutto: 향신료가 많이 함유된 이탈리아 햄), 파르마 햄(Prosciutto di Parma: 이탈리아 파르마 지역의 햄으로 염지 후 공기에서 1년 이상 말려 숙성시킨 햄) 등이 있다.

<u>소시지류의 가공</u> 소시지류라 함은 식육을 염지 또는 염지하지 않고 분쇄하거나 잘게 갈아낸 것이나 식육에 다른 식품 또는 식품첨가물을 첨가한 후 훈연 또는 가열처리한 것 또는 지온에서 발효시켜 숙성 또는 선소처리 한 가공육을 말하며 육함량 70% 이상, 전분 10% 이하의 제품이다. 우리나라 축산물위생관리법에서는 소시지, 발효소시지와 혼합소시지로 나누어 관리하고 있다.

- 소시지 : 식육(육함량 중 10% 미만의 알류를 혼합한 것도 포함)에 다른 식품 또는 식품첨가물을 첨가한 후 숙성·건조시킨 것이거나, 훈연 또는 가열처리한 것을 말한다.
- 발효소시지 : 식육에 다른 식품 또는 식품첨가물을 첨가하여 저온에서 훈연 또는 훈연하지 않고 발효시켜 숙성 또는 건조처리 한 것을 말한다.
- 혼합소시지 : 식육(전체 육함량 중 20% 미만의 어육 또는 알류를 혼합한 것도 포함)을 염지 또는 염지하지 않고 분쇄하거나 잘게 갈아낸 것에 다른 식품 또는 식품첨가물을 첨가한 후 숙성·건조시킨 것이거나, 훈연 또는 가열처리한 것을 말한다.

소시지는 원래 상등육을 얻을 수 없는 빈곤계층의 소비자를 위하여 값싼 고기에 부산물들을 이용하여 만든 가공품으로 암퇘지(saw) 고기에 향신료 세이지를 넣어서 만들었다는 의미에서 유래된 것으로 알려져 있다. 원료와 제조방법이 일정하지 않고 각 지역의 풍토나 소비자의 기호에 따라 다양하다.

제조공정은 소시지 제품에 따라 일부 단계에 차이가 있지만 일반적으로는 원료육을 염지하고 분쇄 혼합하여 유화과정을 통해 균일한 조직으로 만든 후 케이싱(정형)하여 건조

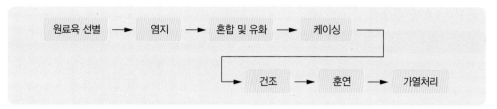

그림 8-6 소시지의 제조공정

와 훈연과정을 거쳐 살균(가열)처리를 하여 제조한다(그림 8-6). 관례적으로 크게 더메스틱 소시지(domestic sausage)와 드라이 소시지(dry sausage)로 나눈다. 더메스틱 소시지는 훈연을 하고 익혀서 바로 먹게 한 것으로 건조하지 않고 풍미에 중점을 두어 만든 것이기 때문에 장기저장이 어렵다. 드라이 소시지는 케이싱에 다져 넣고 말리거나 말린 후 훈연을 하여 장기간 저장할 수 있게 만든 것이다. 보수성을 높이기 위해 전분이나 인산염을 첨가하기도 하고, 저장성 증진을 위해 솔빈산 등의 보존제를 사용하기도 한다(표 8-3).

베이컨   베이컨은 돼지의 복부육(삼겹부위육) 또는 특정 부위를 정형한 것을 염지한 후, 훈연하거나 열처리한 것으로 수분 55% 이하의 것, 육함량 85% 이상의 것을 말한다. 염지, 수침, 건조, 훈연, 냉각의 과정을 거쳐 얇게 썰어 셀로판으로 진공포장한 제품이다. 원료육을 염지(건염법, 습염법, 주사법)한 후 수침과 정형을 거쳐 성형 또는 충전하고 건조 및 훈연한 후 냉각 후 2~3mm 두께로 슬라이스하여 포장한다. 베이컨은 비가열제품이므로 10℃ 이하에서 15~25일 정도 유통가능하다. 등심베이컨(loin bacon: 등심부위육에 삼겹부위가 등심 쪽으로 1/3 정도 부착된 상태), 숄더베이컨(shoulder bacon: 어깨부위육을 토막형태 또는 얇게 절단하여 염지 훈연한 육제품), 미트롤베이컨(meat roll bacon : 몸통 부위의 삼겹부위육을 절단하여 얇게 정형한 후 둥글게 말아 염지, 훈연한 육제품), 사이드 베이컨(side bacon: 돼지의 2분체를 통째로 골발, 정형 후 가공한 제품) 등이 있다.

건조저장육류   식육을 그대로 또는 이에 식품 또는 식품첨가물을 첨가하여 건조하거나 열처리하여 건조한 가공품으로 수분 55% 이하, 육함량 85% 이상이어야 하며 육포가 대

표 8-3 **소시지의 종류**

종류			품명 및 특징
가열 소시지	일반가열 소시지	유화형 소시지	비엔나, 프랑크푸르터, 핫도그, 스트라스부르거, 뮌헤너, 복부어스트, 리오너, 볼로냐, 겔브부어스트 등
		입자형 소시지	폴리시 소시지, 레겐스부르거, 비어 소시지, 약드부어스 트, 티롤러 소시지, 크라카우어
	부산물 소시지	간소시지	간 함량이 10~30% 정도로 빵에 발라 먹는 소시지
		피소시지	동물 혈액 함유. black pudding이라고도 하며, 우리나라 순대도 일종
		젤리소시지	돈육이나 돼지머리를 삶은 후 따로 삶아서 분쇄한 돈피와 혼합하여 충전한 후 열처리한 소시지
비가열 소시지	신신 소시지		바로 불에 굽거나 팬에서 익히는 제품으로 발색제를 첨가 하지 않은 소시지. 포크 소시지, 뉘른베르거 그릴 소시지, 티롤러 그릴 소시지, 튀링거 그릴 소시지 등
	드라이 소시지	비발효 소시지	테부어스트, 메트부어스트, 세르베랄
		유산균 발효 소시지	살라미, 페페로니, 란트예거, 서머소시지, 초리죠, 카바노 치 등
		곰팡이 발효 소시지	살라메티, 살라미 소시지 등

표적이다.

　양념육류　식육에 식품 또는 식품첨가물을 첨가하여 양념하거나 양념 및 가열처리한 것 또는 돈장, 양장 등 가축의 내장을 소금 또는 소금용액으로 염(수)장하여 식육이나 식육가공품을 담을 수 있도록 가공 처리한 제품으로 양념육(육함량 60% 이상), 가열양념육(육함량 60% 이상), 천연케이싱(돈장, 양장 등 가축의 내장을 염지) 제품이 있다.

　분쇄가공육제품　내장을 제외한 식육을 세절 또는 분쇄하여 다른 식품 또는 식품첨가물을 첨가하여 혼합한 것을 성형하거나 동결, 절단하여 냉장, 냉동한 것 또는 훈연, 열처리하거나 튀긴 것으로, 육함량 50% 이상이어야 한다. 햄버거패티, 미트볼, 돈가스, 너겟 등의 제품이 있다.

__기타 가금류 가공 제품__ 건강에 대한 관심의 증대로 포화지방산 함량이 소나 돼지보다 낮은 닭과 오리 등 가금류 가공식품이 다양해지고 있다. 닭이나 오리를 1차 가공한 통닭 및 부위별 제품(가슴살, 안심, 닭다리, 날개 등), 냉동제품, 소시지, 통조림, 건조품, 훈제품 및 즉석조리식품 등 다양한 가금류 가공식품이 있다.

4) 육류의 저장

육류는 단기간 저장 시에는 -2~3℃의 냉장온도에서, 장기간 저장 시에는 -29~-30℃의 냉동온도에서 저장한다. 쇠고기는 도살 후 10℃ 에서 7~ㄴ10일 정도 저장할 수 있으나, 저장온도가 높아질수록 저장기간이 단축된다. -10~-18℃에서 쇠고기는 6~8개월, 돼지고기는 3~4개월 저장할 수 있다. 냉동 시 생긴 얼음결정은 조직세포의 파괴로 해동하면 육즙이 유출되어 미생물이 번식하기 쉬우므로 급속 냉동한다. 급속냉동을 하면 얼음결정이 미세하게 형성되어 수축과 변형을 최소화하고 해동 시의 드립 유출량도 줄일 수 있다.

2. 알의 가공

알은 가금류로부터 생산되는 주요 산물로, 병아리가 되기 위해 필요한 모든 영양소를 함유하고 있다. 오리알, 거위알, 칠면조알, 메추리알 등이 있으나, 달걀을 가장 많이 먹는다.

달걀은 식품의 조리와 가공에 기포성, 기포안정성, 유화성, 보수성, 응고성 등 여러 가지 기능성을 제공하므로 제과, 제빵, 유제품 등 식품가공에 많이 이용되고 있다.

달걀은 타원형으로 난각, 난백, 난황의 세 부분으로 되어 있으며(그림 8-7), 난각의 색깔과 광택은 백색 또는 갈색으로 닭 품종에 따라 특유의 색깔을 갖는다. 색깔은 영양가와 무관하며 가격과도 상관관계가 없다.

달걀의 기본 가공은 선별, 세척한 후 직접 또는 내용물을 분리하여 가공재료로 사용한

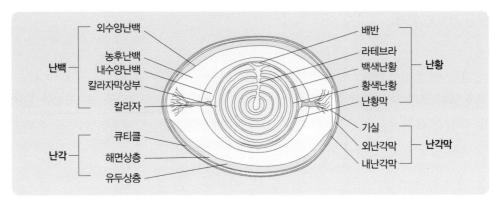

그림 8-7　달걀의 구조

다. 달걀을 비롯한 알가공품은 알이나 알의 내용물에 다른 식품 또는 식품첨가물 등을
가한 것이거나 분리, 건조, 냉동, 가열, 발효·숙성 등의 방법으로 가공한 난황액, 난백액,
전란분, 전란액, 난황분, 난백분, 알가열성형제품, 염지란, 피단 등이 있다.

1) 액상달걀

액체 달걀 상태로 가공한 제품으로 달걀을 할란하여 여과, 균질 및 살균공정을 거쳐
생산된다. 액상달걀에는 전란액(알의 전 내용물이거나 이에 식염, 당류 등을 가한 것 또는
이를 냉동한 제품), 난황액(노른자, 또는 노른자에 식염 및 당류 등을 가하거나, 이를 냉동한
것)과 난백액(흰자 또는 흰자에 식염 및 당류 등을 가한 것 또는 이를 냉동한 제품)이 있으
며 이들은 모두 알 내용물을 80% 이상 함유해야 한다. 살균 조건은 전란액은 64℃에서
2분 30초간, 난황액은 60℃에서 3분 30초간, 난백액은 55℃에서 9분 30초간 가열살균한
후 즉시 5℃ 이하로 냉각한다. 비살균 액란제품은 실금란·오란·연란을 제외한 정상란으
로만 제조·가공하고 할란 후 속히 5℃ 이하로 냉각하여야 하며, 72시간을 초과하여 보관
하지 않도록 규정하고 있다.

2) 건조란

건조란은 전란분, 난황분 및 난백분이 있으며 이들은 모두 알 내용물이 90% 이상 함유

되어야 한다. 전란분은 신선란 또는 냉동란을 분무 건조하거나 피막 건조한 것으로 물을 가해 용해시켰을 때 풍미, 용해도, 영양가치가 신선란과 같아야 한다. 또한 전란분의 포립성은 신선란을 원료로 한 것보다 냉동상태에서 분무 건조한 것이 좋다. 건조제품의 변색·변성 등이 방지되도록 당성분을 제거한 후 건조하여야 하므로 유산균과 같은 미생물에 의한 발효 또는 글루코스 옥시다제(glucose oxidase)와 같은 효소에 의해 당을 제거한 후 건조한다. 주로 아이스크림, 쿠키, 케이크 등에 사용한다.

3) 동결란

달걀 껍질을 벗겨서 동결한 것으로 저장성이 높다. 폴리에틸렌 봉지에 껍질을 깐 알을 넣고 -20~-30℃로 동결하여 -50℃에서 저장한다. 해동하면 유동성을 잃고 겔 모양으로 굳기 쉬우므로 동결 시 소금이나 설탕을 첨가하면 이를 억제할 수 있다.

4) 피단

피단(pidan)은 알껍질 외부로부터 조미·향신료 등을 알 내용물에 침투시켜 특유의 맛과 단단한 조직을 갖도록 숙성한 제품으로 알 내용물이 90% 이상 포함되어야 한다. 알칼리를 침투시켜 내용물을 응고, 숙성시킨 조미달걀로 중국에서 주로 만들어지던 알 가공품이지만 최근에는 세계적으로 널리 알려졌다. 본래는 오리알을 원료로 한 것이지만, 달걀을 사용하여도 무방하다.

피단을 제조할 때는 탄산소다, 초목회, 소금, 생석회 및 물을 적당한 비율로 혼합하여 반죽한 것을 알껍질 표면에 1cm 두께로 일정하게 바른다. 그 후 항아리에 담아 냉소에서 3~4개월 발효시키면 알칼리가 알 속으로 침투하여 난백을 응고시키고 투명한 적갈색을 띠게 한다. 또한 난황은 가장자리 부분이 응고하게 되고 외부는 흑녹색, 내부는 황갈색을 띠게 되며, 암모니아와 유화수소 등의 휘발성 물질이 생성되어 독특한 풍미를 갖는 제품이 된다.

달걀의 난백은 오리알의 경우와는 달리 젤라틴화하여 단단해지므로, 오리알과 같은 방법으로 처리한 후 한 번 더 삶아 주면 오리알과 같은 상태가 된다.

달걀의 1차 가공품은 많은 양의 달걀을 편리하게 취급하기 위해 껍데기를 제거한 '액란' 형태로 만들어 유통하는 것이 일반적이다. 액란은 껍데기 세척, 할란, 액란 살균 과정 및 냉각과정을 거쳐 만들어지며, 필요에 따라 동결과정을 거친다. 액란은 식품첨가물(마요네즈, 커스터드, 케이크, 아이스크림, 면류 등), 공업용재료(피혁광택제, 접착제 등), 의약 및 화장품 제조를 위해 이용된다. 껍질을 제거하여 유통되기 때문에 깨질 염려가 없어 유통비용이 절감되고 사용 시에도 껍질을 처리하는 단계 및 쓰레기 처리비용이 발생하지 않으므로 효율적이다.

달걀의 2차 가공품은 1차 가공품인 액란에 조미나 향신료 등을 처리하거나 건조하여 만든 제품이 주를 이루는데, 외식업체나 식품가공업체에서 주로 이용한다.

5) 기타

그 밖의 알 가공품으로 가열성형제품(알을 원료로 하여 그대로 또는 식품 또는 식품첨가물을 첨가하여 응고온도 이상으로 가열, 살균 등의 열처리공정을 거치거나 이를 성형시킨 것)과 알을 삶은 후 그대로 또는 할란하여 식품 또는 식품첨가물을 첨가하여 이를 일정시간 조리거나 가공한 염지란도 생산된다.

3. 유가공

1) 우유의 성분

우유의 조성은 대략 물 87%, 탄수화물 5%, 단백질 3.5%, 지질 3.3%, 무기질 0.7%로 영양소 함량은 동물, 품종, 계절, 사료, 연령, 영양상태, 착유시간에 따라 달라진다. 그림 8-8은 우유의 성분을 공정에 따라 나타낸 것이다.

(1) 탄수화물

우유 속의 당은 대부분 유당으로 약 5% 함유되어 있다. 유당은 설탕의 1/5 정도의 감미도를 가지며, 물에 잘 녹지 않아 냉장이나 냉동 유제품에서 쉽게 침전되어 모래 같은 느낌을 주는 텍스처 문제를 일으킨다. 모래 같은 느낌은 주로 용해성이 낮은 α-유당의 결정에 의해 일어난다. 그 외에 우유에는 유당의 구성 단당류인 갈락토오스와 포도당도

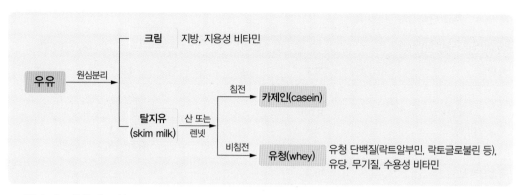

크림 — 지방, 지용성 비타민

우유 —원심분리—

탈지유 (skim milk) —산 또는 렌넷—

침전 → 카제인(casein)

비침전 → 유청(whey) — 유청 단백질(락트알부민, 락토글로불린 등), 유당, 무기질, 수용성 비타민

그림 8-8   우유의 조성

소량 있으며, 극소량의 올리고당도 함유되어 있다.

(2) 단백질

우유의 pH를 4.6으로 맞추었을 때 침전되어 부드러운 커드로 변화되는 단백질인 카제인과 용액으로 남아 있는 유청에 함유된 단백질인 유청단백질이 있다(표 8-4).

카제인 단백질은 우유단백질의 약 80%를 차지하며 αs1-카제인, αs2-카제인, β-카제인, 그리고 κ-카제인의 4개의 주요 카제인과 소량의 기타 단백질들로 구성된다. 카제인의 등전점은 4개 카제인을 합한 등전점인 pH 4.6이다. 카제인 분자는 마치 산딸기 같은 형태의 미셀이라는 구조로 존재하는데, 각 단위 미셀에는 많은 인산기들이 있어 칼슘이온에 의해 서로 결합되어 존재한다. κ-카제인의 친수성이 강한 부분은 미셀의 표면에 존재하여 미셀이 수화되도록 함으로써 미셀들이 서로 결합하려는 것을 막아주고 있다. 다른 카제인들은 미셀 내부에 서로 소수성 결합에 의해 연결되어 존재한다. 카제인 미셀들은 직경이 20~300nm 정도로 지방구보다는 작지만 빛의 투과를 효과적으로 차단하여 우유 특유의 불투명한 유백색이 되도록 한다.

카제인은 다음 두 가지 조건에서 침전되어 커드를 형성한다. 첫 번째로 산이 첨가되면 pH가 카제인의 등전점 근처로 낮아져 침전이 일어나게 된다. 즉, 카제인 미셀 표면에 노출된 음전하가 산의 수소이온과 결합하므로 더 이상 분자들 사이의 음이온에 의한 반발력이 없어져 서로 결합되어 침전하는 것이다.

표 8-4 **주요 단백질의 구성비율**

단백질	전체 단백질 중 함량(%)	등전점(pH)
카제인	79.5	4.6
α_{s1}-카제인	30.6	4.2~4.6
α_{s2}-카제인	8.0	4.8~5.1
β-카제인	28.4	4.6~5.1
κ-카제인	10.1	5.3~5.8
유청단백질	19.3	
β-락토글로불린	9.8	4.8
α-락트알부민	3.7	4.2~4.5
면역글로불린	2.1	4.0~6.0
혈청 알부민	1.2	4.7

두 번째는 레닌에 의한 침전이다. 레닌은 송아지의 위벽에서 얻어지는 효소로서 κ-카제인(169개 아미노산)의 105번째 페닐알라닌과 106번째 메티오닌 사이의 펩티드 결합을 분해하여 친수성 부분을 분리시킴으로써, 카제인 미셀을 안정화시키는 기능을 잃게 한다. 분리된 파라-κ-카제인은 칼슘에 의해 불용화되고, 따라서 미셀들은 서로 결합하여 커드 형태의 응고물로 되는 것이다.

유청단백질은 우유단백질의 20% 정도로 우유에 녹아 존재한다. β-락토글로불린과 α-락트알부민이 주요 유청단백질이고, 그 외에 혈청알부민과 면역글로불린이 소량 존재한다. β-락토글로불린은 우유를 조리나 살균 등의 가열에 의해 κ-카제인과 복합체를 형성하며, 함황아미노산인 시스테인을 함유하여 열처리 가공 시 가열취(cooked flavor)의 원인이 된다. 또한 우유를 가열하면 밑바닥에 변성된 유청단백질들이 침전하여 눋는 현상이 나타나며 또한 침전된 유청단백질과 유당에 의해 비효소적 갈변반응이 진행되면서 색과 향미의 변화가 나타난다.

(3) 지질

우유의 지질함량은 대략 3.3~3.7%로 중성지질이 약 98%이고 인지질, 카로티노이드, 스테롤, 지용성비타민 등도 함유되어 있다. 우유의 중성지질은 지방산 조성이 특이하여 지

표 8-5 **유지방의 지방산 조성**

분류	전체 지방 중 함량(%)	등전점(pH)	전체 지방 중 함량(%)
포화지방산	62.3	부티르산(4:0)	3.3
		카프로산(6:0)	1.7
		카프릴산(8:0)	1.2
		카프르산(10:0)	2.3
		라우르산(12:0)	2.6
		미리스트산(14:0)	10.2
		팔미트산(16:0)	26.3
		스테아르산(18:0)	12.0
단일불포화지방산	28.7	올레산(18:1)	25.1
고도불포화지방산	3.6	리놀레산(18:2)	2.4

방산의 길이가 탄소 4~10개의 짧은 지방산이 다른 식품에 비해 많은 것이 특징이다(표 8-5). 우유의 지방은 물에 지방구의 형태로 분산되어 유화상태로 존재하는데, 각 지방구들은 인지질과 효소, 지단백 등의 유화제 역할을 하는 막에 의해 둘러싸여 있다. 지방구의 크기는 0.1~15μm 정도로 1ml에 약 15$\times10^9$개 정도가 분산되어 빛을 산란시킴으로써 우유가 불투명한 유백색으로 보이게 한다.

(4) 비타민과 무기질

우유는 비타민 B_2(리보플라빈), Ca과 P의 우수한 공급원이며, B_1(티아민), 나이아신과 비타민 A도 상당량 함유하고 있어 철분과 비타민 C를 제외하고는 매우 우수한 영양소 급원이다.

(5) 효소

우유에는 알칼라인 포스파타제, 리파제, 프로타제와 잰틴 옥시다제 등의 많은 효소가 함유되어 있다. 편의상 유해한 미생물들이 파괴되는 열처리가공을 했을 때 불활성화 되는 알칼라인 포스파타제의 활성을 시험하여 살균 지표로 사용한다. 리파제는 유지방을 가수분해하므로 불활성화 되어야 하는 반면, 잰틴 옥시다제는 플라빈효소(FAD)를 분해하여 리보플라빈을 생성시키는 유용한 역할을 한다.

2) 시유

우유는 영양소가 풍부한 좋은 미생물 배지이기도 하여 젖소에서 착유되는 즉시 오염이 문제된다. 따라서 대부분의 목장에서는 착유와 우유 취급 시 깨끗한 환경 유지에 주의를 기울이고, 취급자도 철저한 위생관리를 하며 기구들도 소독하여 주의를 한다. 열처리 전 우유를 원유 또는 생우유라고 하며 시판되는 우유를 시유라고 한다. 현재 시유는 모두 열처리 가공된 우유이다. 축산물 위생관리법에서 우유류라 함은 원유를 살균 또는 멸균 처리한 우유, 원유에 비타민이나 무기질을 강화하여 살균 또는 멸균 처리한 강화우유, 유가공품으로 원유성분과 유사하게 환원한 것을 살균 또는 멸균처리한 환원유와 유산균첨가우유가 포함된다. 일반적인 시유 제조 공정은 그림 8-9와 같다.

(1) 집유 및 수유

집유란 낙농장에서 생산하여 냉각 원유조에 보관하는 우유를 수집하는 과정이다. 집유된 우유는 신선도와 유제품 원료로서의 적합성을 판정하고 가격을 결정하기 위해 수유검사를 한다.

원유의 등급은 표 8-6과 같이 원유의 세균수와 체세포수에 의해 결정된다.

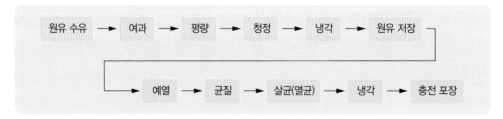

그림 8-9　시유의 제조공정

표 8-6 **원유의 위생등급 기준(식품의약품안전처 고시 제208-120호(제2014. 5.30, 개정)**

구분		기준
세 균 수	1급 A	3만 미만 개/㎖
	1급 B	3만~10만 미만
	2급	10만~25만 미만
	3급	25만~50만 이하
	4급	50만 초과
체세포수	1급	20만 미만 개/㎖
	2급	20만~35만 미만
	3급	35만~50만 미만
	4급	50만~75만 이하
	5급	75만 초과

(2) 청정 및 표준화

우유에 혼입되어 있는 먼지나 침전물을 제거하기 위해 여과를 하거나 낮은 속도의 원심분리를 한다. 표준화란 시유의 성분규격에 맞도록 유지방, 무지고형성분 및 강화성분 함량을 조절하는 과정이다. 주로 탈지우유나 유지방을 사용하여 지방함량을 일정하게 한 다음 필요한 경우 비타민 D나 A를 강화한다.

(3) 균질화

우유를 잠시 방치하면 유지방구들이 서로 모여 덩어리를 이루어 표면으로 떠오른다. 이렇게 우유의 수용액층에서 지방층이 분리되는 현상을 크리밍이라고 부른다.

균질화(homogenization)는 우유를 균질기에 넣어 2,000~2,500psi의 압력으로 작은 구멍(노즐)으로 통과시키는 공정으로 우유의 지방구들을 2㎛ 이하의 작은 지방구로 미세하게 만들어 서로 결합하여 떠오르는 것을 방지한다. 균질 우유를 7℃ 냉장온도에 48시간 보관한 후 크림분리가 일어나지 않아야 한다.

균질화 처리를 한 우유는 점도가 증가되고 분산된 입자의 미세화로 빛의 분산이 증가하여 더 희게 보이게 된다. 또한, 균질우유는 열에 대해 더 불안정하고, 빛에 더 민감하며 거품이 더 잘 일어난다. 또한 균질화 과정에서 작은 지방구들의 표면에 카제인이 흡착되므로 균질우유로 만든 커드가 더 부드럽다.

(4) 살균

우유에 존재하는 병원성 미생물을 사멸하는 열처리공정으로 5장의 가열살균 방법 중 다음 3가지 방법에 의해 이루어지며, 살균 후 세균수는 유산균수를 제외하고 1ml당 20,000 이하이어야 하며, 포스파타제 효소 활성이 음성이어야 한다.

- 저온살균(LTLT: low temperature long time pasteurization) : 저온 장시간 살균법으로 우유를 63~68℃에서 30분간 유지하는 열처리 방법이다. 기계설비가 적게 들지만 면적을 많이 차지한다.
- 고온살균(HTST: high temperature short time pasteurization) : 고온 단시간 살균처리법으로 72~76℃에서 15~20초 동안 열처리하는 살균방법이다. 열교환기를 이용하여 짧은 시간 효율적으로 열처리가 가능하다.
- 초고온 살균(UHT: ultra high temperature pasteurization) : 살균 처리된 우유는 냉장 보관하면서 유통되어야 하는데, 냉장보관 없이도 안전하게 유통 저장할 수 있는 방법으로 우유를 130~150℃로 신속히 가열하여 0.5~5초 동안 유지시켜 실온에서 자랄 수 있는 모든 미생물을 완전 사멸하는 방법이다. 멸균 용기에 넣어 포장하면 상온에서 장기간 저장이 가능하다. 초고온 살균 시유는 높은 열처리 때문에 가열냄새가 나는 것이 특징이다.

(5) 냉각

살균처리 후 즉시 7~10℃ 이하로 냉각해야 미생물 번식을 최소화할 수 있다. 저온 살균 후에는 표면 냉각기를 사용하며, 고온 및 초고온 살균기는 대체로 냉각장치도 같이 있어서 열처리 후 즉각적인 냉각이 가능하다.

(6) 충전 및 포장

유리병, 플라스틱 용기, 종이팩 및 테트라팩 등의 포장용기에 충전되어 살균우유는 냉장 유통되며, 멸균된 우유는 보통 테트라팩 등에 무균 포장되어 실온에서 유통된다.

3) 우유제품

시중의 우유제품으로는 저지방우유, 무지방우유, 유당분해우유, 가공유, 산양유 등이 있다.

(1) 저지방 또는 무지방(탈지)우유

저지방 우유는 원유의 유지방분을 부분 제거하여 유지방 함량을 낮춘 원유를 살균 또는 멸균 처리한 우유제품으로 1% 또는 2%의 유지방 함유 제품이 많다. 무지방우유는 탈지우유라고도 하며 원유 또는 저지방우유의 유지방분을 0.5% 이하로 조정한 후 살균 또는 멸균 처리한 우유제품이다.

(2) 유당분해우유

원유나 우유 또는 저방이나 무지방 우유를 유당분해효소로 처리 하여 유당을 분해 또는 유당을 물리적으로 제거하고 살균 또는 멸균 처리한 우유로 유당분해효소(락타아제)가 없거나 적어서 유당을 소화하지 못하는 유당불내증을 가진 소비자를 위한 제품이다.

(3) 가공유

원유 또는 유가공품을 원료로 하여 이에 다른 식품이나 식품첨가물 등을 가한 후 살균 또는 멸균 처리한 우유제품으로 무지유고형분(탈지분유와 성분규격이 같은 것) 4% 이상의 우유제품으로 초코우유, 딸기우유, 바나나우유 등이 있다. 그 외 카페에서 우유가 첨가된 커피(카페라떼, 카푸치노 등)의 제조 시 풍부한 우유거품이 만들어지도록 설계된 커피 전용우유도 생산되고 있다.

4) 농축유

우유의 대부분(약 88%)은 물로서 저장하기에는 부피가 크므로 원유·우유·저지방우유 또는 무지방우유를 그대로 농축하거나 식품 또는 식품첨가물을 가하여 농축시킨 유가공품으로 표 8-7과 같이 농축우유, 탈지농축우유, 가당연유, 가당탈지연유, 가공연유 등이 있다.

농축유(무당연유)와 탈지농축우유는 우유나 탈지우유를 그대로 농축하고, 가당연유와

표 8-7 **농축유의 조성**

항목 〳 유형	농축우유, 탈지농축우유	가당연유	가당탈지연유	가공연유
수분(%)	-	27.0 이하	29.0 이하	32.0 이하
유고형분(%)	22.0 이상	29.0 이상	25.0 이상	22.0 이상
유지방(%)	6.0 이상 (농축우유)	8.0 이상	-	6.0 이상

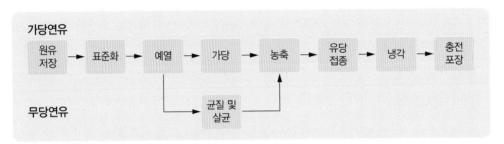

그림 8-10 가당연유와 농축유(무당연유)의 제조공정 예시

가당 탈지연유는 당류(설탕, 포도당, 과당, 올리고당류)를, 가공연유는 식품 또는 식품첨가물을 가하여 농축한다. 보통 상온 이하의 진공 상태에서 농축시켜 고온 증발에 의해 발생할수 있는 향미와 색의 변화를 최소한으로 줄인다. 농축유 통조림 제품들은 미생물들이 완전히 제거되도록 116℃에서 15분 정도 멸균시키는데 이 과정 중에 유당과 단백질이 마이야르 반응에 의해 갈변이 일어나며 가당연유에서 비효소적 갈변반응이 더 많이 일어난다.

제조공정 중 유당접종은 정제 멸균한 유당결정분말(핵)을 연유를 교반하면서 조금씩넣어주는 공정으로써, 농축과정 중 석출되는 유당결정들에 의한 모래 같은 촉감이 느껴지지 않도록 하는 공정이다.

4) 분유

우유의 수분 대부분을 제거하여 수분함량을 5% 이하로 건조시킨 제품으로 냉장 보관없이 장기간 저장과 유통이 가능하고, 다량의 물로 인한 미생물 오염과 운반비용 문제를해결할 수 있다. 대략의 제조공정은 그림 8-11과 같으며 건조방법은 주로 분무건조법과

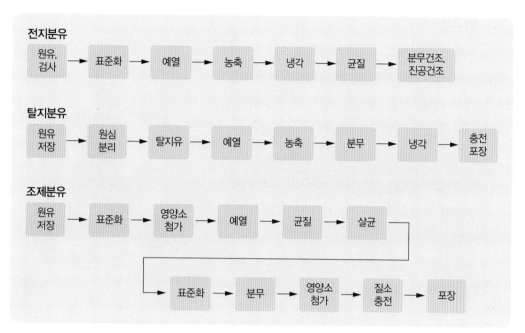

전지분유

원유, 검사 → 표준화 → 예열 → 농축 → 냉각 → 균질 → 분무건조, 진공건조

탈지분유

원유 저장 → 원심 분리 → 탈지유 → 예열 → 농축 → 분무 → 냉각 → 충전 포장

조제분유

원유 저장 → 표준화 → 영양소 첨가 → 예열 → 균질 → 살균 → 표준화 → 분무 → 영양소 첨가 → 질소 충전 → 포장

그림 8-11 전지분유, 탈지분유 및 조제분유의 제조공정 예시

진공건조법이 쓰인다.

분유의 종류에는 우유를 건조한 전지분유(원유에서 수분을 제거하여 분말화), 탈지유를 건조한 탈지분유, 원유에 당류(설탕, 과당, 포도당, 올리고당류)를 가하여 분말화한 가당분유 및 혼합분유(전지분유나 탈지분유에 곡분, 곡류가공품, 코코아 가공품, 유청, 유청분말 등의 식품 또는 식품첨가물을 가한 분유)가 있으며, 모유와 비슷한 조성으로 영양성분을 조정하여 건조한 조제분유제품도 있다. 건조 후 분유에는 유당, 지방 그리고 카제인 미셀과 침전된 유청단백질들이 고농도로 들어 있어 물에 들어가 수화될 때 서로 뭉쳐서 덩어리지는데, 분유의 인스턴트화로 건조물에 수분을 첨가하여 끈끈하게 만든 다음 다시 건조하여 스펀지 같은 입자로 분유를 제조하여 이 문제를 해결한다.

분유는 오래 저장하면 마이야르 반응에 의해 색과 향미를 잃고, 지방의 산패에 의해 산패취가 나게 되므로 진공충전이나 질소충전으로 포장한다.

5) 크림

우유의 지방질을 원심분리원리를 이용하는 크림 분리기(그림 8-12)로 분리하여 살균한 후 냉각하여 제품화한 것이다(그림 8-13 참조). 원유에서 분리한 유지방 제품인 유크림(유지방 30% 이상), 유크림에 식품이나 식품첨가물 등을 가한 가공유크림(유지방 18% 이상)과 건조하여 분말화한 분말유크림(유지방 50% 이상)으로 분류된다.

또한 크림 제품들에는 유지방 함량에 따라 하프크림(유시방 10~18%), 라이트크림(18~30%), 커피크림(10~30%), 휘핑크림(40% 이상) 및 더블크림(45% 이상)과 2차 원심분리를 통해 유지방 함량을 80%까지 높인 플라스틱크림 등

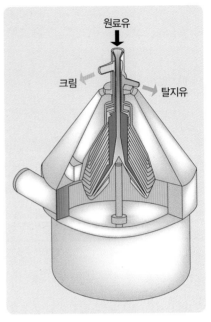

그림 8-12 크림분리기
자료: http://www.westfalia-separator.com

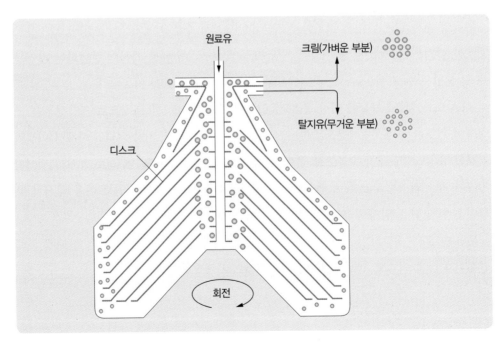

그림 8-13 크림 분리의 원리

그림 8-14 유크림 제조공정 예시

이 있으며, 유크림을 살균처리 후 젖산균으로 발효시켜 산에 의한 응고 후(산도 0.6%) 균질화한 제품으로 발효크림(cultured sour cream, 18% 이상)이 있다.

6) 버터

원유의 유지방분을 분리하여 교반 및 연압한 유가공품으로 15%의 물과 80% 이상의 지방이 함유된 유중수적형 유화식품이다. 우유에서 유지방을 분리하여 교반하여 지방입자를 모아 작은 덩어리들로 만들고 이것을 이겨서 남아 있는 물이 지방에 분산되도록 만든 것이 버터이다.

버터의 종류에는 소금을 가한 가염버터, 소금이 첨가되지 않은 무염버터와 원료 크림에 유산균을 넣어 발효시킨 발효버터와 발효시키지 않은 버터인 감성버터가 있다.

버터의 제조과정은 다음 그림 8-15와 같다.

① 원심분리(크림 분리) : 우유 중 크림층을 분리하여 지질 35% 정도의 크림을 얻는다.
② 크림중화(산도 조절) : 크림의 산도가 높으면 지방손실이 크고 버터의 풍미와 보존성도 떨어지므로 크림의 산도가 0.1~0.14%를 유지하도록 조절한다. 산도가 높으면 중탄산나트륨으로 중화한다.

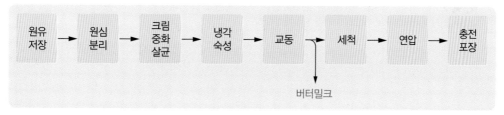

그림 8-15 버터의 제조공정 예시

③ 살균: 크림의 살균과정과 동일하다.

④ 숙성 : 저온(2~4℃)에서 12시간 정도 보존하여 지방을 결정화시킨다.

⑤ 교반(교동) : 결정화된 지방을 교반하여 작은 알갱이들로 응집시킨다. 이때 색을 내기 위해 안나토나 카로틴 색소를 첨가한다.

⑥ 버터밀크 배출, 세척과 가염 : 아래층(물층)의 버터밀크를 제거하고 모여진 버터 입자에 냉수(2~3℃)를 가해 교반하면서 세척한다. 보존성과 풍미향상을 위해 소금을 약 1.0~2.5% 정도 첨가한다.

⑦ 연압 : 모아진 지방알갱이를 방망이로 밀거나 천천히 교반하여 버터조직을 균일하게 만드는 조작으로 연속상의 지방에 소량의 물이 균일하게 분산된 유중수적형 식품인 버터가 된다.

⑧ 포상 및 제품화 : 버터의 종류나 용도에 따라 적당한 용기나 은박지를 사용하여 포장한다. 버터의 무게는 제조 중에 소금, 물, 미량의 커드가 함유되므로 원료 크림의 지방량보다 더 나간다. 지방질 무게 이상으로 생긴 버터량을 증량(overrun)이라 한다.

버터는 언제부터 먹었고, 어떻게 만들어질까?

버터를 먹은 시기는 정확하게 알 수 없으나 기원전 3세기 고대 바빌로니아에서 이미 버터를 만들었다는 기록이 전해져오고 있어, 그 역사가 매우 오래되었음을 짐작할 수 있다. 그러나 당시의 버터는 음식으로써의 역할보다는 바르는 약이나 화장품의 용도로 사용되었으며 고가이었다고 한다. 버터는 갓 짜내 균질화 과정을 거치지 않은 원유를 그대로 두어 상부의 걸쭉한 유지방(생크림)을 건져낸 후 천천히 흔들어 만들어 내는데, 아직도 유목민은 우유 위의 생크림을 건져내 가죽주머니에 넣고 나뭇가지에 걸어둔 뒤 막대기로 천천히 두드려 버터를 만든다고 한다.

버터의 대용품인 마가린은 어떻게 만드는 것일까?

1867년 프랑스의 나폴레옹 3세는 군대보급용과 가난한 사람을 위한 저렴한 버터 대용품으로 마가린의 개발을 촉구하였다. 프랑스 화학자 이폴리트 메주 무리에(M. Mouries)는 소의 지방에 우유를 혼합한 후 단단하게 굳힌, 진주(Margarite, 진주라는 뜻)처럼 반짝이는 마가린을 만드는데 성공하였다. 지금은 정제된 동식물성 기름과 경화유를 적당한 비율로 배합한 후 유화제, 향료, 색소, 소금 등을 섞어 유화시켜 마가린을 만들어 내고 있으며 버터의 대용품으로 확고히 자리를 굳히게 되었다.

자료: 서울우유(http://www.seoulmilk.co.kr/enterprise/milkstory/health_qna_view.sm?articleId=10000000
001465&page=1&gubun=sm_milkstory_known&search=&keyword=)

7) 치즈

우유를 응유효소인 렌넷 또는 젖산으로 응고시킨 후 세균이나 곰팡이 등으로 숙성시켜 만든 자연치즈와 자연치즈를 원료로 하여 다른 식품 또는 식품첨가물 등을 가한 후 유화시켜 가공한 가공치즈가 있으며, 생산지, 수분함량, 원료 등에 따라 수백 가지의 종류가 있다.

(1) 자연치즈

자연치즈(natural cheese)는 원유, 탈지유, 크림 또는 버터밀크에 젖산균, 응유효소(렌넷), 또는 유기산을 이용하여 카제인을 응고시킨 후 유청을 제거하여 가압 성형 후 숙성시켜 만든 제품이다. 일반적인 제조공정은 그림 8-16과 같다. 치즈의 숙성과정 중에는 치즈 종류마다 다양하게 접종된 세균이나 곰팡이에 의해 단백질이 분해되어 아미노산과 크고 작은 펩티드 분해물이 생성되어 특유의 향미와 질감이 형성되며, 지질의 화학적 변화로 지방산과 락톤, 알코올, 케톤류, 알데히드와 에스테르 등의 다양한 유기화합물들이 숙성치즈 특유의 향미를 형성한다. 자연치즈는 경도(수분함량)에 따라 표 8-8과 같이 분류한다.

(2) 가공치즈

가공치즈(processed cheese)는 종류가 다르거나 숙성기간이 서로 다른 자연치즈를 원료로 혼합, 분쇄하고 적절한 유화제와 함께 가열, 유화시킨 것을 포장, 냉각한 제품이다. 품종과 숙성도가 다른 자연치즈를 배합하여 새로운 풍미와 조직을 가진 제품이 개발되

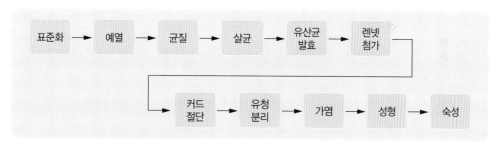

그림 8-16 자연치즈의 제조공정 예시

표 8-8   자연치즈의 유형

유형＼항목	유고형분(%)	유지방(%)	대표 숙성 미생물	치즈제품
경성치즈	60.0 이상	24.0 이상	세균	에멘탈, 그루이에르, 고우다, 에담, 체다, 콜비, 파마산, 로마노 치즈 등
반경성치즈	40.0 이상	9.8 이상	세균	브릭, 먼스터, 림버거, 하바티 치즈 등
			푸른곰팡이	로케포르(프랑스), 스틸톤(영국), 블루(프랑스) 치즈 등
연성치즈	35.0 이상	7.0 이상	흰곰팡이	카망베르, 브리, 클로미에 치즈
생치즈	18.0 이상	3.6 이상	숙성하지 않음	코티지, 리코타, 모차렐라 치즈 등

고 있다. 가공치즈는 품질이 균일하고 모양과 무게를 자유로이 선정할 수 있는 장점이 있는 데다, 또한 버리는 부분이 없어 이용률이 높고 경제적이어서 세계적으로 대량 생산되고 있다.

식품공전에 의하면 경성가공치즈(유고형분 50% 이상, 유지방 25% 이상), 반경성가공치즈(유고형분 46% 이상, 유지방 18.4% 이상), 혼합가공치즈(유고형분 38% 이상, 유지방 7.6% 이상), 연성가공치즈(유고형분 34% 이상, 유지방 6.8% 이상) 등의 종류가 있다. 대표적인 가공치즈 제품에는 분말형 파마산 치즈와 롤치즈, 슬라이스 치즈 및 크림치즈 등이 있다.

8) 아이스크림

아이스크림은 원유와 크림, 우유 고형물을 주원료로 하여, 다른 식품이나 식품첨가물(향미, 색소)이 공기와 섞여 냉동, 경화한 유가공품이다. 비교적 높은 지방 함량 때문에 부드러운 텍스처와 풍부한 향미를 갖게 되며, 우유 고형물들은 텍스처와 향미를 더욱 증진시킨다. 안정제로 젤라틴이나 알긴산나트륨 등의 검류가 사용되며 감미료와 향료도 첨가된다. 그림 8-17이 아이스크림 제조공정의 예시이며, 아이스크림 믹스의 동결과정에서 공기의 혼합에 의해 부피 증가가 일어나는데, 원료에 비해 증가한 부피의 비율을 증용률(오버런, overrun)이라 한다. 일반적으로 아이스크림 70% 이상, 아이스 밀크 50~80%, 셔벳 30~40%, 빙과 25~30%의 증용률로 제조되며, 증용률이 높으면 공기거품이 너무 많아 허전함이 강하고 이보다 낮으면 너무 단단하게 느껴진다.

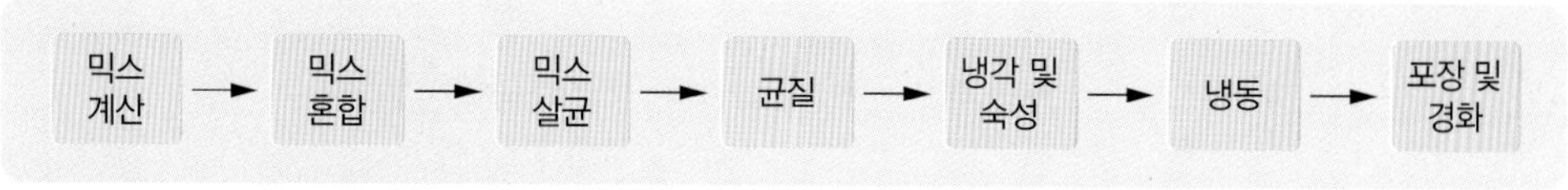

그림 8-17 아이스크림 제조공정 예시

식품 공전에 의하면 아이스크림은 유지방분 6% 이상, 유고형분 16% 이상을 함유하며, 아이스밀크는 유지방분 2% 이상과 유고형분 7% 이상, 그리고 샤베트는 무지유고형분 2% 이상을 함유한 제품이다. 또한 아이스크림류이면서 조지방 2% 이하, 무지유고형분 10% 이상의 제품을 저지방아이스크림으로 분류하고, 조지방 5% 이상, 무지유고형분 5% 이상의 아이스크림을 비유지아이스크림이라 한다.

9) 발효유

여러 가지 미생물들이 우유나 유제품의 유당을 발효시켜 유산이 생성된 발효유제품 제조에 이용되고 있다. 젖산균(유산균, 주로 *Streptococcus lactis*, *Lactobaccilus casei*, *L. bulgaricus*, *L. lactis*와 *L. belveticus*)이 함께 작용하여 적당한 pH 범위에 도달할 때까지 계속 발효가 일어난다. 발효유제품의 걸쭉한 물성은 카제인 미셀이 서로 결합되거나 또는 β-락토글로불린과 함께 결합되어 나타나는 현상이다. 상당량의 β-락토글로불린이 미셀에 결합되면 이액현상이 없는 안정한 겔이 형성된다. 버터밀크는 발효결과 다소 걸쭉한 반면 요구르트는 발효와 가열을 조절하여 커드 같은 겔상이 형성되어 호상요구르트가 제조된다.

발효유에는 요구르트, 유산균음료, 발효버터유, 냉동발효유 등의 젖산발효유와 젖산발효와 효모에 의한 알코올 발효로 제조된 쿠미스, 케피어 등의 알코올 발효유가 있다. 발효유의 일반적인 제조공정은 그림 8-18과 같으며 원료로 주로 탈지유를 사용하여 안정제, 감미료, 향료 등을 혼합하여 살균, 냉각하고 스타터인 젖산균을 첨가한 뒤 용기에 넣고 발효실에서 너무 시지 않도록 pH 4.5~5.5 정도까지 발효시킨다. 식품 공전에 규정된 발효유의 유형은 표 8-9와 같다.

그림 8-18 액상 및 호상요구르트의 제조공정 예시

표 8-9 **발효유의 분류**

항목 \ 유형	발효유	농후발효유	크림발효유	농후크림발효유	발효버터류
수분(%)	-	-	-	-	-
유고형분(%)	-	-	-	-	
무지유 고형분(%)	3.0 이상	8.0 이상	3.0 이상	8.0 이상	8.0 이상
유지방(%)	-	-	8.0 이상	8.0 이상	1.5 이하
유산균 수 또는 효모 수	1mL당 10,000,000 이상	1mL당 100,000,000 이상	1mL당 10,000,000 이상	1mL당 100,000,000 이상	1mL당 10,000,000 이상

수산물 가공

수산물 가공

1. 수산물의 분류와 성분

수산물은 육류에 비해 비교적 저렴하게 이용할 수 있는 단백질의 급원으로 육류에 비해 지질의 조성이 우수하지만 등푸른 생선같이 불포화지방산의 함량이 높은 것은 산패되기 쉽다. 또 수산물은 그 종류가 아주 다양하며 수분이 많고 조직이 연하여 부패가 쉽고 취급 시 여러 가지 오염원에 노출되는 경우가 많아 식중독의 위험도 많다. 따라서 위생적으로 안전하고 식품의 가치를 연장하기 위한 여러 가지 가공과 저장방법이 이용되고 있다.

1) 수산물의 분류

- 어류 : 어류는 바닷물고기인 해수어와 민물고기인 담수어로 나뉘며 지방 함량에 따라 5% 이하의 지방을 가진 대구, 농어, 민어와 지방 함량이 5~15%인 방어, 꽁치, 고등어, 그리고 15% 이상의 지방을 가진 송어 등으로 분류한다.
- 연체류 : 문어, 오징어, 낙지처럼 몸이 부드럽고 마디가 없다.
- 조개류(패류) : 우렁이처럼 딱딱한 껍질 하나로 이뤄진 권패류와 대합, 바지락, 홍합처럼 2개의 몸이 붙어 있는 이매패가 있다.

- 갑각류 : 새우, 게, 가재처럼 키틴질의 딱딱한 껍질에 쌓여 있고 여러 마디로 이루어져 있다.

2) 수산물의 조직

어류는 머리와 동체, 꼬리, 지느러미로 이루어져 있으며 어류에 따라 색이 다른 것은 진피 밑의 색소과립세포의 색소립과 비늘이 다르기 때문이다. 갑각류인 새우는 머리, 가슴과 배 부분으로 나뉘는데 껍데기 속에 살이 있고 껍데기는 키틴질로 구성되어 있다. 게는 새우와는 모양이 다른데 단단한 갑각으로 덮여 있다. 연체류인 오징어는 어류와는 다른 구조를 하고 있다. 오징어의 근육조직은 모두 4개의 층으로 이루어져 있는데 제1, 2층은 껍질이 잘 벗겨지지만 3, 4층은 껍질이 근육과 밀착되어 있어 벗기기 어렵기 때문에 행주로 문지르거나 뜨거운 물에 1~2초 담갔다가 찬물로 식히면 잘 벗겨진다.

3) 수산물의 성분

수산물은 단백질 15~24%, 지질 0.1~22%, 그 외 탄수화물, 무기질 등으로 구성되어 있다. 수산물의 성분은 종류, 나이, 성별, 부위, 계절, 서식지 등에 따라 다르며, 특히 지방은 산란 전에 가장 많아 이 시기에 맛과 영양이 우수하다.

(1) 영양성분

- 단백질 : 어육의 단백질 함량은 20% 내외이며 단백질의 아미노산은 세린, 트레오닌, 메티오닌, 시스틴 등이다. 문어와 오징어, 조개와 새우의 상쾌한 맛은 베테인에 의한 것이다.
- 지방 : 수산물 중 특히 어류의 지방은 생선에 따라 크게 차이가 있다. 어류의 지방은 실온에서 액체이고, 중성지방이 대부분이며 산란기와 계절에 따라 그 양이 다르다. 생선은 고도로 불포화된 지방산의 함량이 높으므로 산화되기 쉬운데, ω-3계 지방산인 EPA와 DHA는 프로스타그란딘을 생성하여 혈중콜레스테롤 감소와 혈전 예방에 효과적이다.
- 무기질 : 무기질로는 Na, K, Mg, P 등이 많다.

• 비타민 : 연어의 붉은색에는 비타민 A의 전구체인 카로틴이 많고 참치류에는 비타민 D가, 대구의 간에는 비타민 A가 많다.

(2) 맛성분

생선의 맛성분 중 가장 많은 성분이 아미노산이다. 글리신, 알라닌, 글루탐산이 지미 성분이며 트리메틸아민 옥사이드는 신선한 생선의 강한 단맛 성분이며 베테인은 청량한 단맛을 준다. 핵산물질인 IMP, AMP, ATP는 구수한 맛을 준다. 오징어의 구수한 맛은 TMAO와 타우린, 프롤린에서 유래한다.

(3) 냄새성분

생선은 선도가 떨어지면 특유의 비린내를 내는데 민물고기는 피페리닌과 아세트알데히드의 축합물에 의해 나타나며 바닷물고기의 비린내는 TMAO가 환원되어 생성된 TMA와 델타아미노발레랄의 냄새 때문이다. 오징어의 냄새는 황을 가진 아미노산이 분해되어 생성되는 황화수소, 암모니아, 피페리딘, 트리메틸아민 때문이다.

(4) 색

어류는 크게 흰살 생선과 붉은살 생선으로 나누는데 흰살 생선은 도미, 광어, 대구 등으로 주로 해저에서 서식한다. 다랑어, 가다랭이 등은 붉은살 생선들이다. 연어와 송어의 황색은 아스타잔틴이며 생선의 껍질이 붉거나 노란 것은 붉은색의 아스타잔틴과 노란색의 루테인 때문이다. 청록색은 프테린과 담즙색소이며 갈치의 은색은 구아닌에 요산이 섞인 침전물이 빛을 굴절반사하면서 나타난다.

2. 조리에 의한 변화

1) 가열에 의한 변화

생선을 가열하면 모양과 풍미, 촉감이 변하여 더 맛있게 될 뿐 아니라 위생적으로도 안전해진다.

(1) 결합조직 단백질의 변화

결합조직 단백질인 콜라겐은 물에 불용성이기 때문에 물속에서 가열하면 변성되어 수축하다가 계속 가열하면 수용성인 젤라틴으로 변하여 용출된다. 콜라겐이 갑자기 수축하는 온도를 열수축온도라 하는데 따뜻한 수온에 사는 생선의 열수축온도는 50~56℃이고 냉수에 사는 생선의 열수축온도는 38~40℃이다. 생선은 낮은 온도에서 가열해도 젤라틴이 용출되며, 이 국물이 식으면 겔화되어 굳는다.

(2) 근육 섬유단백질의 변성

근육 섬유단백질의 주성분인 액토미오신은 45℃에서 응고되고, 수용성 단백질인 미오겐은 50~60℃에서 응고된다. 이렇게 응고온도가 다른 단백질이 섞여 있으므로 어육의 열에 의한 변성은 단계적으로 일어난다. 가열에 의한 어육의 무게감소는 근육의 수축으로 탈수가 일어나기 때문이다. 신선한 생선일수록 탈수에 의한 무게의 감소량이 적다. 생선은 평균 15~20% 정도, 연체동물은 35~40%의 무게가 감소된다.

결합조직 단백질인 콜라겐과 근육단백질이 가열에 의해 상반되는 영향을 나타내는데 생선은 콜라겐이 소량 존재하므로 가열 효과는 주로 근육단백질에 의해 일어난다. 생선이 벗겨질 때까지 가열하면 근육단백질의 변성이 일어나면서 콜라겐이 연화되어 섬유들이 분리되고 이 때도 생선살은 여전히 연하다. 하지만, 계속 가열하게 되면 근육단백질에 좋지 않은 일련의 변화가 생겨 더 질겨지게 된다. 즉, 생선을 과도하게 조리하면 풍미가 떨어진다. 생선으로 만든 음식의 질과 전체적 풍미는 생선근육이 조각으로 분리되자마자 가열을 중단해야 좋으며, 조리온도는 크게 중요하지 않다. 그러나 고온으로 조리하면 생선근육의 온도가 빠르게 증가하기 때문에 과도한 가열이 일어나기 쉽다.

(3) 껍질의 수축과 지방의 용출

생선을 가열하면 껍질이 수축되거나 살이 굽어지는 경우가 있다. 이것은 콜라겐 단백질이 수축하기 때문인데 껍질의 수축온도는 37~58℃ 정도이며 따뜻한 곳에 사는 생선이 수축온도가 높다고 한다. 생오징어를 삶으면 돌돌 말리는 것도 콜라겐의 수축에 의한 것이다. 또 가열에 의하여 껍질이 수축하면 지방이 용해하여 외부로 녹아나온다. 지방함량이 높을수록 이 현상이 더 심하다.

(4) 열응착성

생선을 가열할 때 석쇠나 프라이팬에 붙는 현상을 열응착성이라 한다. 이것은 50℃ 정도부터 시작되어 온도가 높아질수록 강해진다. 열응착성은 미오겐 단백질 사슬이 구부려져 구형을 이루고 있던 것이 가열로 결합들이 끊어지고 펩티드 사슬이 흩어짐으로써 다른 물질과 결합할 활성기가 많이 생기고, 이 활성기가 금속면에 닿아 달라붙게 된다.

2) 식초의 영향

생선에 식초를 넣으면 식초의 신맛이 식욕을 돋우기도 하고 비린내를 감소시키기도 한다. 또한 식초는 생선 단백질을 응고시켜 질을 단단하게 한다. 식초의 효과를 높이려면 소금을 넣어 수분을 제거하고 단백질을 용출하여 겔화시킨 후 식초를 넣으면 된다. 식초에는 생선 외부에 부착된 미생물의 살균효과도 있다.

3) 소금의 영향

생선을 가공할 때 소금이나 장류 같은 소금이 함유된 조미료를 사용하면 생선의 맛도 좋아질 뿐 아니라 생선의 질도 변하게 된다. 미오겐은 물 또는 낮은 염용액에서는 용출량이 적기 때문에 투명하고 점도가 낮은 용액을 형성한다. 그러나 소금의 농도가 2%가 넘으면 단백질 용출량이 급격히 증가하고, 2~6%에서는 미오신과 액틴이 용출되어 액토미오신을 형성한다. 이 액토미오신 분자가 서로 엉켜 입체적 망상구조를 형성하여 겔이 되는데 이것이 어묵의 원리이다.

소금을 뿌려 생선을 절이면 소금의 양이 많으면 많을수록 생선의 수분함량은 감소된다. 그러나 생선을 소금물에 담가서 절일 경우 20% 이상의 소금물에서는 소금물의 농도가 높을수록 탈수가 빠르고 탈수량도 많다. 그러나 소금 농도가 낮아지면 시간경과에 따라 생선 내부의 수분함량이 증가한다.

3. 수산물의 선도

일단 잡힌 수산물은 생선의 크기, 치사조건, 방치상태에 따라 사후변화가 달라지며 이것은 선도에도 영향을 주므로 잘 처리하여야 한다.

1) 선도에 영향을 미치는 요인

(1) 생선의 종류

민물고기는 바닷물고기보다 쉽게 부패된다. 또 바닷물고기 중에도 붉은살 생선은 흰살 생선보다 쉽게 변질된다.

(2) 어획방법

어획방법도 영향을 미치는데 그물로 잡은 생선은 그물에 걸려 많이 움직이게 되므로 선도를 유지하려면 낚시어획법이 좋다. 그물에서 장시간 시달린 생선은 근육의 강한 수축으로 ATP가 급격히 소비되고 글리코겐이 분해되어 젖산이 생기므로 사후경직이 빨리 시작되고 해소도 빨라 연화도 빨리 시작된다. 그물어획법도 정치망과 저인망에 따라 다른데 저인망의 경우는 오랜 시간을 버티며 시달리므로 선도 저하가 빠르다. 즉, 살아 있는 어류는 자연적인 피로사보다 어획 직후 죽어 선도 저하를 막아야 한다. 그 방법에는 강한 전류를 이용하는 방법, 마취시키는 방법, 냉각사시키는 방법 등이 있으나 모두 현실적이지 못하다. 수확한 어체는 잘 세척할 경우 오물과 미생물을 감소시킬 수 있다.

(3) 보관온도

근육의 ATP 분해속도나 자가소화작용, 부패세균의 번식속도는 온도가 낮을수록 늦어진다. 따라서 선도 유지 면에서 수산물을 저온보관하는 것이 중요하다. 생선은 세척한 후 차가운 묽은 소금물을 사용하여 혈액과 오물을 제거하고 온도를 낮춘다. 이 때 너무 차가운 물에 담그거나 오래 담그면 수분과 염분이 어육 속으로 침투하여 경직을 촉진하므로 주의해야 한다. 그 다음 생선을 빙장이나 동결저장시킨 후 가공원료로 사용한다.

2) 어패류의 사후변화

어패류의 사후변화는 해당 과정 같은 생화학적 변화 → 근육의 사후경직 → 경직의 해소 → 자가소화·육질연화 → 세균증식·선도저하 → 부패의 단계를 거치게 된다.

(1) 사후경직

어류가 죽으면 근육이 수축하고 단단해지며 약간 불투명한 듯 보인다. 이것은 어류의 체내대사가 호기조건에서 혐기상태로 바뀌고 이때 젖산이 생겨 pH가 낮아지기 때문이다. 동시에 인산크레아틴이 소모되고 ATP도 감소되며, 액토미오신이 수축하게 되고 경직상태가 된다. 이 과정을 사후경직(rigor mortis)이라고 한다. 어류는 포유류보다 사후경직의 지속시간이 짧아 사후 1~7시간 만에 경직이 시작되어 5~22시간 정도 지속된다. 보관온도가 낮을수록 경식을 일으키는 시간도 길어지고 지속시간도 길며, 어획 후 즉시 죽이거나 내장을 제거하면 같은 효과를 얻을 수 있다. 어획 후 즉시 얼음에 넣어 냉장저장하면 생선의 사후경직을 지연시킬 수 있다.

(2) 자가소화

사후경직이 풀리면 어육 내의 분해효소 작용으로 연화가 일어나는 자가소화(자가분해)가 시작되는데 온도가 낮을수록, pH가 산성일수록 자가분해는 늦어진다. 자가분해의 최적온도는 해수어의 경우 40~45℃, 담수어는 23~27℃이며, 최적 pH는 4~5 정도이다. 어류의 자가소화작용을 저지하려면 저온으로 유지해야 한다. 따라서 냉장이나 냉동은 어류의 저장을 위해 좋은 방법이다. 만약 어류를 얼렸다가 녹이거나 또는 손상을 입히거나 거칠게 다루었을 때는 연화현상이 가속화된다. 자가소화가 지나면 어류는 미생물의 작용으로 조직이 매우 물러지며, 휘발성 지방산 생성과 함께 각종 냄새성분이 발생하여 부패취를 낸다.

(3) 부패작용

어패류의 부패는 수중세균에 의해서 일어나며 *Flavobacterium*, *Pseudomonas*, *Achromobacter* 세균은 어류의 생존 중에 어체에 존재하다가 빨리 증식하고 근육을 부패시킨다. 갑각류의 경우 어류와 큰 차이는 없으나, 키틴질을 분해하는 세균이 존재하며 조개류에는 어류와 거의 같은 세균이 존재한다.

4. 수산 연제품

수산 연제품은 어류의 고기 부분을 수세하여 세절한 후 조미료, 전분, 향신료를 가해 성형하여 가열한 제품이다. 이 제품은 일본에서 처음 만든 것으로 예전에는 어육에 소금을 첨가하고 고기를 갈아서 만든 고기풀을 구워서 제조하였는데, 그 후에 가공법의 발달로 오늘날과 같은 연제품이 만들어졌다. 연제품은 어류의 종류나 크기에 관계없이 원료의 사용범위가 넓고 다양한 맛을 만들 수 있다. 또한 어떤 소재라도 배합 가능하고, 외관과 향미, 물성이 어육과는 다르며 바로 섭취할 수 있어 다른 일반 수산 가공식품과는 다른 특징이 있다.

1) 제조과정

어육의 고기풀을 가열하여 젤리상의 제품을 만들고, 소금을 가해 탄력이 강한 연제품을 만들게 된다. 주로 조기류, 갈치, 전갱이, 상어류 등이 쓰이나 요즘은 다양한 어류의 종류를 사용한다. 수산 연제품의 제조공정은 그림 9-1과 같다.

① 채육 : 머리와 내장을 뺀 어체를 뼈, 껍질, 살코기로 분별 수집하는 과정이다.

② 수세 : 살 부분에 들어 있는 혈액, 지방 및 수용성 단백질 등을 제거하여 제품의 색을 희게 하며 염용성 단백질의 비율을 높여 탄력을 강하게 하고 보존성을 높이기 위하여 고기의 5~10배 물로 교반하여 세척하는 과정이다. 이것을 3~4회 반복한다.

③ 세절 : 만육기(meat chopper)로 결체조직과 작은 뼈를 잘게 자르는 과정이다. 처음부터 구경이 작은 플레이트나 무딘 칼을 사용하면 발열로 인해 육단백질이 변성되므로 조심한다.

④ 고기갈이 : 고기 가는 기계(stone grinder)에 소금을 넣어 갈고, 전분과 부원료를 혼

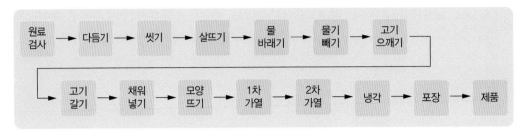

그림 9-1 수산 연제품의 제조공정

합한다.

⑤ 성형 : 적당한 모양으로 만든다.

⑥ 가열 : 중심 온도가 75℃ 이상이 되도록 가열하여 익힌다.

⑦ 냉각·저장 : 가열 후 빨리 냉각하여 품질을 유지시켜야 한다. 일반 연제품은 냉풍을 이용하지만, 포장제품은 흐르는 물에 상온 이하로 급냉시킨다. 냉각이 끝난 것은 2~3℃에서 저장한다.

2) 연제품의 종류

(1) 판붙이어묵(kamaboko)

생선의 머리, 내장, 지느러미를 제거한 후 롤식 채육기에 걸어 정육만을 취한 다음 수세한다. 수세는 이취를 제거하며 탄력을 준다. 물기를 없애고 잘 다져서 고기풀을 얻고 재료들을 섞어 간다. 재료를 혼합한 후 이것을 나무판에 반원통상으로 붙여 증기로 찐다. 1단 가열로 치밀한 겔 구조를 만들고, 2단 가열로 구조를 안정화시킨다.

(2) 부들어묵(chikawa)

꼬챙이에 고기풀을 원통상으로 말아 붙여 배소시킨 것을 부들어묵이라 한다. 만드는

법은 판붙이어묵과 비슷하나 약간 거친 편이며 정형한 후 배소로에서 구워 완성한다.

(3) 튀김어묵(fried kamaboko)

어육 고기풀을 기름에 튀긴 것으로 급속한 가열로 탄력이 강하고 기름에 튀겨서 맛이 좋다. 상어류, 정어리의 고기풀에 채소를 잘게 다져 혼합하기도 한다. 1단 가열은 120~140℃에서, 2단 가열은 180℃ 전후에서 한다.

(4) 어육소시지(fish sausage)

어육이나 고래 고기를 원료로 육소시지처럼 제조한다. 원료육이 싸고 대량생산이 가능하여 가격이 저렴하다. 또 PVDC 같은 기밀을 유지할 수 있는 합성수지를 케이싱으로 사용하고, 고온에서 장시간 살균하여 저장성이 좋다. 어육소시지와 어육햄의 제조공정은 그림 9-2와 같다. 어육소시지는 어육을 잘게

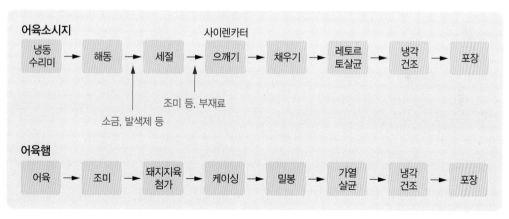

그림 9-2　어육소시지와 어육햄의 제조

구조화 수산가공품은 생선 가공품의 하나로 분쇄한 어육이다. 이 제품은 다진 어육을 지방, 색소, 그리고 냉동저장 중 향미나 저장문제를 일으킬 수 있는 성분들을 완전히 물로 세척한 다음, 보존제로 솔비톨이나 설탕을 넣고 냉동하여 제조한다. 이러한 중간조리 해산가공식품을 수리미라고 한다.

수리미의 주요 재료는 대구이며 이 외에 비싸지 않고 별로 먹지 않는 생선도 이용한다. 수리미 제조를 위해서 뼈를 제거하고 포를 뜬다. 포를 이용하면 밝은 색과 겔 형성 능력이 우수한 높은 등급의 수리미를 만들 수 있다. 포뜬 생선을 다질 때 미세한 구멍이 뚫려 있는 통에 넣어 갈면 특히 좋은 품질의 제품이 된다. 다진 생선은 완전히 세척한 후 탈수하여 수분함량이 약 82%가 되도록 한다. 보존료나 냉해 방지제를 첨가하여 냉동한다.

대구와 대구살

수리미를 식품으로 활용하는 주요 방법은 모조게실이나 새우제품 같은 구조화 수산가공품들이다. 다져진 생선은 게나 새우와 비슷한 텍스처 특성이 없기 때문에 최종제품이 실제 게살이나 새우의 텍스처와 비슷한 제품이 되도록 섬유화하고 다른 성분들을 첨가한다. 난백과 전분을 첨가하면 수리미가 고무 같은 질감 없이 바람직한 텍스처를 가지게 된다. 전분은 수리미에 고무 같은 텍스처를 주지만 난백은 고무 같은 텍스처를 주는 구조기반형성을 방지하므로 상호영향을 준다. 소량의 기름을 첨가하면 냉동, 해동 특성을 증진시킨다. 수리미는 판으로 압출성형한 후 가열하여 전분을 호화시킨다. 단백질을 단단하거나 질겨지지 않는 조건으로 변성시킨 후 게나 새우 제품처럼 표면에 색을 입히면 제품이 완성된다.

게맛살

썬 다음 유지, 조미료, 향신료 등을 첨가하고 갈아서 케이싱에 넣어 가열 처리한 것이며, 어육햄은 육편을 소금에 절여 조미한 다음 연결육을 첨가 혼합하여 포장재료에 넣어 가열처리한 것이다.

5. 수산 건제품

수산물의 수분을 제거하여 미생물의 번식이 어렵도록 만들어 저장성을 갖도록 한 것을 수산 건제품이라고 한다. 어패류와 해조류의 수분함량이 약 40% 이하가 되면 세균의 발육이 정지되고, 약 13% 이하이면 곰팡이의 번식도 억제된다. 건조방법은 햇볕과 바람에 의한 천일건조, 실내나 그늘에서 말리는 음건법, 그외 열풍건조, 진공건조, 동결건조법을 이용한다.

1) 소건품

수산물을 그대로 건조한 것으로, 원료를 전처리하고 세정한 뒤 건조하여 제품화한다. 방법은 단순하지만 수작업이 많고 많은 양을 한번에 처리할 수 있다. 소건품의 예로 마른 오징어와 마른 미역이 있다. 마른 오징어의 표면에는 흰 가루가 있는데 이것은 오징어의 타우린 성분이다. 미역은 탈염과 염장미역이 있는데 탈염미역은 목화나 끓는 물 또는 담수에서 염분을 없앤 미역이며 염장미역은 채취한 그대로 또는 물로 씻어 건조한 것이다.

2) 염건품

어패류를 먼저 염지한 후에 건조한 것으로, 전처리와 세정을 한 후에 염지하고 씻어 건조시킨다. 예를 들어 굴비는 염지시 사용하는 소금량이 원료의 17~25% 정도이며 완성품의 수분함량이 10% 정도이다. 염건품의 제조공정은 그림 9-3과 같다.

원료 → 전처리 → 세정 → 염지 → 수세 → 건조 → 제품

그림 9-3 염건품의 제조공정

3) 자건품

어패류를 찐 후 건조한 것이다. 어체의 비린내를 제거할 수 있고 세균의 살균과 자가소

화효소를 파괴시켜 부패를 막고, 수분과 지방이 일
부 제거되어 건조가 쉬워진다. 대표적인 식품이 마
른 멸치로 멸치를 소금물에 삶는 이유는 색택을 좋
게 하기 위해서이다.

4) 동건품

전처리한 원료를 동결과 융해를 반복해 수분을
제거하여 건조한 제품이다. 동결할 때 조직이 파괴
되고, 녹을 때 액즙이 유출되어 가용성 성분의 손실
이 큰 것이 결점이다. 동건품의 대표적인 예는 마른
명태(황태)로 손질한 명태를 20마리씩 꿰어 얼리고
녹이는 과정을 반복해 수분함량이 20~25%인 제품
을 만든다. 동건품의 제조공정은 그림 9-4와 같다.

5) 저장

수산 건제품은 온도, 습도, 광선, 공기에 안전하지 못하므로 저장 중에 흡습, 산화, 변색,
이취가 생길 수 있다. 가능한 낮은 온도에서 습기를 피해 보관해야 한다.

원료 → 전처리 → 동결, 융해 → 건조 → 제품

그림 9-4 동건품의 제조공정

6. 수산 훈제품

수산 훈제품은 어패류를 염지한 후, 훈연실에서 건조, 훈연하여 독특한 풍미와 저장성

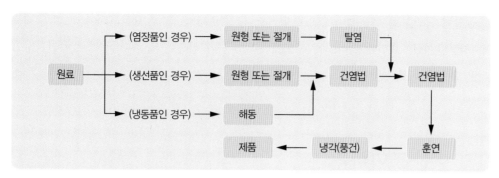

```
                    ┌─→ (염장품인 경우) ─→  원형 또는 절개  ─→   탈염
                    │                                           │
          원료 ─────┼─→ (생선품인 경우) ─→  원형 또는 절개  ─→  건염법  ─→  건염법
                    │                              ↑                        │
                    └─→ (냉동품인 경우) ─→   해동  ─┘                        ↓
                                                                          훈연
                         제품   ←──   냉각(풍건)   ←──────────────────────┘
```

그림 9-5 수산 훈제품의 제조공정

을 갖도록 한 것이다. 수산 훈제품의 제조공정은 그
림 9-5와 같다.

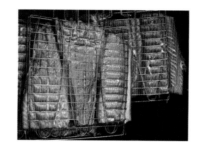

훈연의 방법에는 육류와 같이 비교적 낮은 온도
(20~26℃)에서 1주 이상 훈연하는 냉훈법과 고온
(50~60℃)에서 몇 시간 훈연하는 온훈법이 있다.

1) 냉훈 청어

청어는 지방이 5~8% 정도로 적은 것을 훈연재료로 사용하는데 염지과정을 거치고 그
늘에 말린 후, 3~4주 동안 18~25℃의 온도에서 훈연시킨다.

2) 온훈 고등어

고등어는 가공 중에 히스타민이 생성될 우려가 있으므로 신선한 원료로 짧은 시간에 제
조하여야 한다. 염지한 고등어는 처음에 25℃에서 시작하여 10시간에 90℃에 도달하게 한다.

3) 훈제품의 저장

냉훈제품은 수분함량이 10% 이하이고 살균력이 있는 훈연성분이 피막되어 있어 세균
이 번식하는 것은 염려하지 않아도 된다. 그러나 머리부분은 고온에 장시간 방치하면 부
패할 염려가 있다.

곰팡이가 발육할 가능성이 있으므로 습기가 많은 곳은 피해 보관하여야 하고, 훈제품을 저장할 때는 표면에 샐러드유를 도포하여 공기의 접촉을 막는 것이 좋으며 건조하고 낮은 온도에서 보관한다.

7. 수산 조미식품

수산 조미식품은 어패류에 적당한 조미를 하여 생으로 또는 구워서 쉽게 먹을 수 있도록 한 것이다. 만들 때는 다음과 같은 사항에 유의한다.

- 취급과 저장성이 좋은 제품이 되도록 포장한다.
- 소금, 설탕, 식초를 사용하여 조미와 동시에 방부효과를 높인다.
- 어패류는 내장과 먹을 수 없는 부분을 모두 제거하고 정육만으로 만든다.

1) 조미 건제품

대표적인 조미 건제품인 조미 쥐치포는 쥐치의 내장과 껍질을 제거하고 세편뜨기를 한 후, 설탕, MSG, 소금으로 조미한다. 조미한 후 천일건조하거나 저온에서 열풍건조한다.

2) 조미 배건품

조미 오징어는 대표적인 조미 배건품이다. 오징어를 씻어 껍질을 벗기고 살짝 데친 후 빙수에 냉각시키고 조미한다. 조미료는 식염, 설탕, MSG, 호박산, 구연산, 솔빈산칼륨 등을 혼합하여 원료에 넣어 보관한 후 건조한다. 하루 정도 수분의 분포를 균일하게 하기 위해 쌓아 두었다가 고온에서

구워 포장한다.

8. 통조림

수산 통조림은 제법에 따라 보일드 통조림, 조
미 통조림, 기름담금 통조림 등이 있다.

보일드 통조림은 원료육을 그대로 또는 소량의
소금을 첨가하여 만든다. 조미 통조림은 원료를
조미료로 조미하여 만든 것이다. 기름담금 통조림
은 조리한 생선에 식물성 기름을 첨가한 것이다.
훈제 기름담금 통조림은 훈제한 생선에 식물성 기름을 가한다.

9. 어유 가공품

어유는 기름 채취 재료에 따라 어유, 간유, 해수유가 있다.

어유는 정어리, 꽁치 기름 등이 있고, 간유는 대구 간유, 상어 간유 등이 있으며, 해수
유는 고래기름, 물개기름 등이 있다. 어유는 다가불포화지방산이 풍부하며 간유는 비타
민 A와 D가 풍부하다.

10. 수산물의 저장

어패류는 내장과 피부에 여러 가지 미생물이 증식하고 효소의 작용으로 빠른 시간에
부패가 진행될수 있으므로 가능한 내장을 제거하고 손질하여 냉장이나 냉동보관하여야
한다. 가공품의 형태로 위생적으로 포장이 된경우를 제외하고는 저온저장이 필수이며 얼

려서 보관할 때는 -18℃ 이하에서 보관하며 해동한 경우 다시 얼리는 것은 피해야한다.

통조림의 경우 1년 정도 유통이 가능하지만 캔을 열고 난 후에는 쉽게 변패되므로 유리나 플라스틱에 옮기고 냉장보관하며 빠른 시간에 소비하도록 한다. 연제품은 냉장보관하는데, 오래 보관할 경우는 냉동실에 보관하면 냉장보관보다도 저장시간을 더 늘릴 수 있다.

유지식품 가공

유지식품 가공

유지는 보통 실온에서 액체인 것을 '유(oil)'라고 하고 고체인 것을 '지(fat)'라고 하며 동물성 유지와 식물성 유지가 있다. 지방질을 표면적 성질과 원료에 의해 구별하면 그림 10-3과 같다. 동물성 유지 중에 어유는 대개 액체유로 고도불포화지방산이 많고 요오드 가가 높다. 동물지에 속하는 체지는 대개 반고체로 포화지방산이 많고 우유지방(유지방) 은 반고체로서 포화지방산 및 불포화지방산이 많다. 식물성 유지 중에서 식물유는 불포화지방산 함량에 따라 건성유, 반건성유, 불건성유로 나뉜다. 건성유는 아마인유처럼 올레산이 적고 리놀레산, 리놀렌산이 많아 공기 중에 산소를 흡수하여 고화하는 성질이 있어 기름이 마른다. 요오드가가 높아 보통 130 이상이다. 불건성유는 올리브유처럼 올레산과

그림 10-1　아마인유

그림 10-2　쌀겨와 쌀겨유

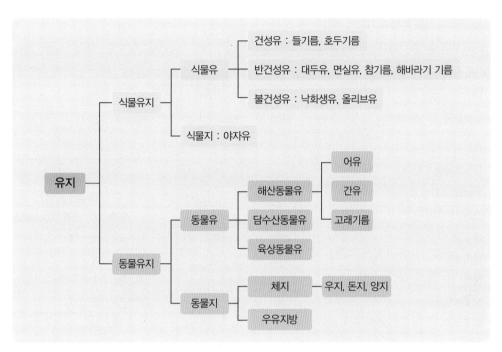

그림 10-3 유지의 분류

포화지방산으로 구성되어 있는 것으로 공기 중에 고화되지 않으며, 요오드가는 100 이하이다. 반건성유는 대두유나 쌀겨유처럼 건성과 불건성의 중간이다. 표 10-1은 각 유지의 지방산 함량을 나타내었다.

1. 유지의 제조

1) 분류
유지는 크게 식물유지와 동물유지로 나눌 수 있고, 이를 세분하면 그림 10-3과 같다.

2) 재료
식물유지의 원료는 대두, 유채, 면실, 낙화생, 해바라기, 참깨 등이며 팜유의 원료가 되

표 10-1 **각종 유지의 지방산 조성**

구분 / 유지	지방산(%)															
	6:0	8:0	10:0	12:0	14:0	16:0	18:0	20:0	22:0	24:0	16:1	18:1	18:2	18:3	20:1	22:1
면실유	-	-	-	-	1	29	4	미량	-	-	2	24	40	-	-	-
낙화생유	-	-	-	-	미량	6	5	-	3	1	미량	61	22	-	-	-
해바라기기름	-	-	-	-	-	11	6	-	-	-	-	29	52	-	-	-
옥수수기름	-	-	-	-	-	13	4	미량	미량	-	-	29	54	-	-	-
참기름	-	-	-	-	-	10	5	-	-	-	-	40	45	-	-	-
유채유	-	-	-	-	-	3.8	1.6	-	-	-	-	32.9	17.5	9.0	12.4	42.4
대두유	-	-	-	-	미량	11	4.	미량	미량	-	-	25	51	9	-	-
올리브유	-	-	-	-	미량	14	2	미량	-	-	2	64	16	-	-	-
팜유	-	-	-	-	1	48	4.	-	-	-	-	38	9	-	-	-
잇꽃씨기름	-	-	-	-	미량	8	3	미량	-	-	-	13	75	1	-	-
코코넛유	0.5	9.0	6.8	46.4	18.0	9.0	1.0	-	-	-	-	7.6	1.6	-	-	-
팜핵유	-	2.7	7.0	46.9	14.1	8.8	1.3	-	-	-	-	18.5	0.7	-	-	-
코코아버터	-	-	-	-	-	26.2	34.4	-	-	-	-	37.3	2.1	-	-	-
우지	-	-	-	-	6.3	27.4	14.1	-	-	-	-	49.6	2.5	-	-	-
돈지	-	-	-	-	1.8	21.8	8.9	0.8	-	-	4.2	53.4	6.6	0.8	0.8	-
양지	-	-	-	-	4.6	24.6	30.5	-	-	-	-	36.0	4.3	-	-	-
닭기름	-	-	-	1.9	2.5	36.0	2.4	-	-	-	8.2	48.2	0.8	-	-	-
정어리기름	-	-	-	-	6.4	12.7	0.9	-	-	-	8.8	12.7	-	-	14.1	20.8
대구기름	-	-	-	-	1.4	19.6	3.8	-	-	-	3.5	13.8	-	-	3.0	1.0

는 야자, 피마자유의 원료인 피마자 등이 종자로 이용된다.

대표적인 식용유 재료인 대두의 주생산지는 미국, 브라질, 중국 등으로 우리나라에서 생산되는 대두는 주로 콩나물, 두부, 장류제조에 이용되고 가공용으로 이용되는 대두는 거의 수입에 의존하고 있다. 콩기름은 리놀레산 함량이 높아 보존성이 떨어지므로 고도 불포화지방산 함량이 낮은 품종을 육종하려고 하고 있다.

대표적인 식물성유인 카놀라유는 유채에서 추출하는데 우리나라 제주도에서 생산되는 유채는 인체에 유해할 수도 있는 에루스산의 함량이 높아 개량종으로 전환되었는데 유럽

그림 10-4　유채

그림 10-5　팜유

과 캐나다산 유채는 에루스산 함량이 낮은 품종으로 개량되었다. 에루스산 함량이 적은 품종은 카놀라유 제조에 이용된다.

그 외에도 옥수수 배아, 참깨, 해바라기, 포도씨 등이 주된 식물성유의 재료이다.

3) 유지의 채취

유지의 채취법은 용출법(rendering), 추출법, 압착법이 있다. 용출법은 동물성 원료에서 유지를 추출할 때 사용한다. 압착법은 참기름처럼 유지원료에 힘을 가해 유지를 채취하는 방법이며, 용매추출법은 주로 대두를 유기용매로 연속추출할 때 사용한다.

4) 전처리

품질이 좋은 유지를 얻고 채유량과 수율을 높이기 위해 원료와 채유방법에 따라 각종 전처리를 한다. 먼저 원료 중에 있는 불순물을 제거한 후, 참깨나 유채처럼 입자가 작은 원료를 제외하고는 껍질을 제거하면 수율이 높다.

유지의 추출을 쉽게 하기 위해 분쇄과정을 거치기도 하고, 원료의 산화효소 작용을 불활성화시키고 착유를 쉽게 하기 위해 열처리를 한다. 열처리를 하면 원료의 수분함량을 줄일 수 있고, 유지의 점도를 저하시켜 착유가 쉬워지며, 효소의 불활성화로 유리지방산 생성이 억제된다. 또 착유 후 미생물의 오염에 안전하고 유해물질을 불용화시킬 수 있는 효과를 얻을 수 있다.

5) 유지추출법

(1) 용출법

지방질은 천연식품에서 채취한다. 라드와 쇠기름은 동물조직에서 용출(습열 또는 건열)한다. 건열용출은 조직을 가열하여 유출되는 지방을 모은 다음, 나머지를 짜내는 과정이다. 우리가 섭취하는 지방은 습열용출한다. 습열용출은 압력을 가한 상태에서 뜨거운 물이나 수증기로 조직을 처리하는 과정이다. 처리 후 지방을 물과 분리시키는데, 산패방지를 위해 항산화제를 사용하기도 한다.

(2) 압착법

식물성 지방은 고온압착이나 저온압착으로 채취한다. 저온압착은 실온에서 기계적 압착기나 나사형 압착기를 사용하여 종실에서 식물성 기름을 추출하는 과정이다. 저온압착으로 추출되는 기름은 품질은 좋지만 고온압착에 비해 채유량이 많지 않다. 고온압착에서는 수증기로 조직을 70℃ 정도로 데운 다음 기름을 짜낸다. 고온압착의 온도가 높을수록 검질, 이취, 유리지방산이 많이 존재하기 때문에 질이 낮아진다. 검질은 탈검에 의해 제거될 수 있다. 압착한 기름 종자에서 남아 있는 지방질은 용매추출법으로 분리할 수 있다.

(3) 용매추출법

용매추출법은 원료를 휘발성 용매로 처리하여 원료 중의 유지성분을 용해시킨 후 채유하는 방법이다. 사용되는 추출기는 용매 사용량이 적고, 입자의 가루가 적으며 맑은 추출액을 얻을 수 있어야 한다. 추출용 용매에는 핵산이 많이 이용되고 있다.

2. 유지의 정제

정제되지 않은 원유(crude oil)는 수분, 흙, 섬유질, 단백질, 탄수화물, 색소, 냄새물질 등여러 가지 불순물이 함유되어 있다. 따라서 유지의 품질을 높이기 위해서는 정제를 하여야 한다.

1) 전처리
정제를 위한 전처리는 원유 중의 불순물을 제거하고 정제공정을 쉽게 하기 위해 침전탱크에서 불순물을 가라앉히는 정치, 여과, 원심분리 등을 한다.

2) 탈검
유지의 인지질, 단백질, 탄수화물 등의 콜로이드성 불순물을 검질이라고 하며, 이를 제거하는 과정을 탈검(degumming)이라고 한다.

탈검에는 산첨가, 수화, 흡착제, 물리적 방법이 있다. 일반적으로 유지에 물을 첨가하여 열처리를 하거나 산을 첨가하면 검질이 팽윤되어 응고하는데 이것은 원심분리로 제거한다.

콩기름의 탈검으로 얻어지는 부산물인 레시틴은 계면활성작용과 유화작용을 하여 식품첨가물로 뿐만 아니라 화장품, 섬유 등에도 이용된다.

3) 탈산
원유에 함유된 유리지방산은 제품의 품질을 떨어뜨리므로 제거하여야 한다. 탈산(deacidification)은 알칼리정제, 탄산알칼리정제, 가성소다와 석회 이용법, 수증기정제, 추출용액이나 이온교환수지를 이용하는 방법이 있다. 대표적인 방법으로 제니스법은 묽은 알칼리와 기름방울을 접촉시켜 정제하는 것으로 유지의 산화를 막고 위생적이며, 설비나 인원이 절약되는 장점이 있다.

4) 탈색
식물성 원유에는 카로틴, 잔토필, 고시폴 등의 색소물질이 함유되어 있는데 이것을 제

그림 10-6 활성탄

거하는 공정을 탈색(bleaching)이라고 한다. 탈색방법으로는 흡착탈색, 산소나 과산화물에 의한 탈색, 혐기상태에서 가열하는 탈색방법 등이 있다. 공업적으로는 활성백토 또는 활성탄을 사용하여 흡착탈색하는 방법이 많이 이용되고 있다.

5) 탈취

원유가 가지고 있는 유지의 불쾌취를 제거하는 과정이 탈취(deodorization)이다. 유지의 냄새는 서급 카보닐 화합물, 저급지방산, 저급알코올, 유기용매 등으로 이 냄새성분은 유지 본래의 성분이거나 제조과정에서 생성된 것이거나 변패에서 온 것일 수 있다. 탈취는 높은 진공상태에서 고온처리를 하여야 하는데 보통 진공수증기 증류를 하여 색깔이 엷어지고 과산화물뿐만 아니라 냄새성분과 지방산도 제거된다. 탈취장치는 회분식(batch)과 반연속식, 완전연속식이 있다. 회분식의 경우 감압 하에서 220~250℃에서 수증기 증류를 하면 탈취된다.

그림 10-7 드레싱

6) 동유처리

동유처리는 냉장온도에서 고체가 되는, 녹는점이 높은 지방을 제거하는 정제방법이다. 냉장온도로 냉각했을 때 침전된 고체를 여과하여 제거하면 저온에서도 액체성을 유지하는 샐러드유가 된다. 샐러드 드레싱과 같은 흐르는 소스에 사용되는 기름 정제에 중요한 과정이다. 올리브유는 향미가 좋은데, 향미 성분이 이 공정 중에 제거되므로 동유처리하지 않는다.

3. 결정크기의 조절

지방 제조의 마지막 과정은 지방의 결정화이다. β' 결정은 매우 안정하고 크기가 작은 이상적인 결정형이다. 주결정이 β'인 매끈한 지방의 형성에는 적당한 교반과 냉각온도의 조절이 필요하다. β' 결정은 길이 $1\mu m$ 정도의 바늘 모양 결정이며, $20{\sim}45\mu m$ 정도의 매우 큰 β 결정이 형성되면 텍스처가 거칠어진다. 수소화된 면실유는 β' 결정을 형성하므로 지방 제조에 이용된다. 면실유와 쇠기름 조각은 β' 결정의 형성을 촉진하므로 쇼트닝 제조에 자주 사용된다.

당과류에 사용되는 지방은 템퍼링(tempering)하는데, 이때 여러 결정형태의 혼합물인 지방이 만들어진다.

템퍼링은 초콜릿의 지방이 안정한 지방 결정을 형성하도록 도와준다. 템퍼링하지 않으면 작은 결정이 녹아서 거친 β 결정으로 재결정한다. 초콜릿을 조금 따뜻하게 보관하거나 오래 저장하면 β 결정이 형성되면서 표면에 다소 변색된 과립이 만들어진다. 이러한 초콜릿 표면의 변화는 블룸(bloom)이라고 하며, 반드시 피해야 한다.

> **템퍼링이란?**
>
> 템퍼링은 액체 지방이 결정화할 때 방출하는 결정화 열을 제거하여 온도를 조절하는 과정으로, 지방을 일정 온도에서 보관하여 원하는 형태의 지방결정이 형성되고 안정화되도록 한다. 템퍼링을 거친 지방은 보통 25℃ 이상에서 저장될 수 있으며 텍스처 특성을 유지하고 있다.

그림 10-8　초콜릿

4. 유지의 가공

유지는 사용 목적에 따라 필요한 물리, 화학적 성질을 갖도록 가공할 필요가 있다. 그중 수소첨가에 의한 경화유의 조제, 에스터 교환반응에 의한 유지 성질의 변화, 유지의 분별이 대표적인 가공공정이다.

1) 수소첨가

수소첨가(hydrogenation)는 유지 지방산의 이중결합을 단일결합으로 바꾸어 포화지방산을 만듦으로써 유지의 융점을 상승시키고 고체화시키는 공정이다.

$$-CH=CH- \xrightarrow{\text{수소, 니켈, 180℃}} -CH_2-CH_2-$$

이 과정을 통해 이중결합이 있는 리놀렌산과 리놀레산, 올레산은 포화지방산인 스테아르산으로 된다. 이러한 수소첨가반응으로 만들어진 유지를 경화유라고 한다. 수소첨가로 융점상승, 고체지방량의 증가, 산화나 열안정성에서 안정과 색, 냄새, 맛의 개량 등의 효과를 올리게 된다.

일반적으로 수소첨가에는 니켈, 구리를 0.05~0.1%, 온도 140~200℃, 압력은 상압에서 5kg/cm² 까지의 범위로 사용한다.

수소첨가는 이성화 반응 같은 부반응과 이성체의 유해성, 포름알데히드, 메틸케톤의 수소취 등이 문제이다. 식물성 기름은 수소화 반응에 의해 액체에서 고체인 마가린이나 쇼트닝이 될 수 있다. 땅콩버터는 농축 고형물과 기름으로 분리되는데, 수소화를 함으로써 오래 저장해도 균질상태를 유지하는 스프레드로 변형된다.

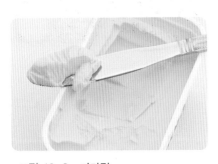

그림 10-9 마가린

수소화 과정에서 일부 불포화지방산은 트랜스형 입체구조로 이성화한다. 천연에 널리 존재하는 이중결합의 입체구조는 시스형이다. 현재 트랜스형으로의 이성화가 심장병, 뇌졸중, 당뇨, 유방암 등을 유발하는 것으로 알려져 있다.

식사에 함유된 트랜스형 지방산은 나쁜 영향을 줄 수 있기 때문에 트랜스형 지방산이 적은, 건강에 좋은 스프레드를 만들고자 노력하고 있다. 녹는점이 높은 트랜스형 지방산은 냉각 분획(chill fractionation)에 의해 제거할 수 있다. 소비자는 1993년부터 수소화된 식물성 기름의 섭취를 줄여왔는데 이는 트랜스형 지방산 섭취를 줄이는 효과적인 방법이기도 한다.

2) 에스터 교환

유지의 에스터 교환(esterification)은 유지와 지방산의 반응과 유지와 알코올의 반응, 그리고 유지의 반응으로 나눌 수 있다.

공업적으로는 유지의 분자 내에서나 분자 사이에서 지방산의 교환에 의한 에스터 교환반응이 많이 이용되고, 교환방법으로는 무작위 에

그림 10-10 쇼트닝과 라드

스터 교환과 지향성 에스터 교환이 있다. 전자는 융점 이상의 온도에서 이루어지며 지방산기가 글리세리드에 재배열된다. 후자는 융점 이하의 온도에서 이루어지므로 포화지방산만으로 이루어진 중성지방은 석출된다. 에스터 교환반응은 마가린이나 쇼트닝처럼 가소성 유지의 제조에 많이 이용되고 있다. 돼지기름의 경우 지향성에스터 교환을 시킨 것은 고체지 지수(solid fat index)가 저온에서는 감소되고 고온에서는 증가하여 가소성을 보이는 온도범위가 넓어져 쇼트닝으로서 바람직하다.

5. 유지가공품

1) 기름

튀김용기름은 품질면에서 산화와 열에 안정해야 한다. 안정성은 여러 가지 요인에 의해 영향을 받지만, 연기와 자극취가 없고 물리화학적인 변화가 없어야 한다.

여러 종류의 기름이 식품에 사용된다. 땅콩유, 옥수수유, 면실유, 홍화유, 카놀라유, 올리브유, 그리고 대두유는 널리 사용되는 기름이다. 이들은 단독 또는 두 종류 이상을 혼합하여 사용한다. 마카다미아 넛과 같은 견과류에서 얼

그림 10-11 유지가공식품

은 기름과 미강유 같이 특수한 기름도 판매되고 있다. 미강유에는 항산화작용을 하는 토코트리에놀과 갱년기 증상 완화, 심혈관계 질환 예방의 기능이 있는 오리자놀을 함유하고 있는 것으로 알려져 있다.

그림 10-12　올리브와 올리브유

서양요리에서 가장 흔하게 사용하는 올리브유는 다른 식물성 기름과는 달리 상급품은 정제과정을 거치지 않고 직접 이용한다. 착유 시 처음 추출되는 상급품의 기름을 버진(virgin)이라 하여 구분하기도 하지만 시판품은 각종 등급을 혼합한 것이다. 강한 냄새를 가진 저급품은 대두유나 면실유와 같은 부드러운 향취의 기름과 혼합하여 사용한다. 올리브유는 올레산이 65~85%로 특이하게 많고 리놀레산이 적어 산화에 안정하다.

샐러드기름은 생식용이므로 색이 엷고 냄새가 없으며 풍미변화가 없고, 저온에서 투명해야 하므로 정제 시 고체기름을 제거하는 동유처리 과정이 필요하다.

2) 경화유

(1) 마가린

버터는 유지방을 교반할 때 형성되는 유중수적형 유화액이며, 빵의 스프레드로 오랫동안 사용되고 있다. 그러나 식물성 기름의 수소화 기술이 발달함에 따라 버터대신 마가린을 많이 사용하게 되었다. 마가린에는 대부분의 특성이 버터와 비슷한 막대 마가린, 다가불포화지방산이 많아 녹는점은 낮지만 퍼짐성이 좋은 연질 또는 통 마가린, 지방 함량이 다른 마가린의 반 정도이고 물은 2배 이상 많은 다이어트 마가린이 있다. 그 외에 마가린은 표 10-2와 같이 분류한다.

그림 10-13 연질 마가린과 경질 마가린

표 10-2 **마가린의 종류**

분류기준	종류	특성
유지함량	표준 마가린 저지방 마가린	유지함량이 80% 이상인 것 유지함량이 80% 이하인 것
물성	가소성 마가린 경질 마가린 연질 마가린 유동성 마가린	가소성을 부여한 것 상온에서 딱딱하고 잘 녹지 않음. 막대 마가린이라고 함 우리나라에서 판매되는 대부분의 마가린 형태 냉장 상태에서 드레싱과 같은 성상을 가진 것

휘핑버터와 휘핑마가린은 스프레드에 공기를 휘핑하여 만든 것으로 부피가 크고 가벼우며 단위 부피당 열량이 적다. 마가린은 식용유지에 물과 첨가제를 가하여 유화시킨 후 급냉하여 숙성시켜 가소성과 유동성을 갖는 버터 유사품으로 만든 것으로, 유지성분이 80% 이상, 수분함량이 17% 이하여야 한다.

마가린의 유용성 원료는 유상으로 만들고, 수용성 원료는 수상으로 만든 후 이들을 유화시켜 유중수적형(W/O)유화액을 만든다. 유화원료는 급냉과 교반으로 균일한 조직을 형성하여 안정화시킨다. 마가린은 유지를 다량 가지고 있어 칼로리가 높다.

옥수수 마가린과 같은 일부 마가린은 한 종

> **마가린에 사용하는 유화제**
>
> 마가린을 만드는 유화제는 종류와 용도가 다양하며 수화성과 유화성의 정도에 따라 사용용도가 달라진다. 유화제의 HLB(Hydrophile Lipophile Balance value)가 4~6인 유화제는 W/O형 유화액을 만들 때 사용되고, 8~18범위의 유화제는 O/W형 유화액을 만드는 데 사용된다.

류의 기름으로 만든다. 소비자가 혈청 콜레스테롤 저하에 도움이 되는 다가불포화지방산이 많은 마가린을 선호하기 때문이다. 대부분의 마가린은 여러 종류의 기름을 혼합해서 만들며 성분표시에는 통상적인 방법으로 기름의 양을 표기하고 있는데, 표시된 기름 중 하나 또는 그 이상이 제품을 만드는 데 사용된다는 것을 나타내고 있다. 따라서 제조업자는 성분표시에 표기된 기름의 가격에 따라 배합 비율을 수시로 변화시킬 수 있다.

땅콩버터와 견과로 만든 버터도 식물성 기름으로 만드는 스프레드이다. 이 스프레드가 일반 버터나 마가린과 다른 점은 기름 외에 너트 단백질과 다른 성

그림 10-14 땅콩과 땅콩버터

분을 함유하고 있다는 것이다. 마가린 제조과정을 간략히 나타내면 그림 10-15와 같다.

(2) 쇼트닝

쇼트닝과 라드는 가소성이 큰 지방이다. 가소성이란 고체지방의 물리적 특성 때문에 나타나는 퍼지거나 된 지방거품으로 휘핑하는 능력을 말하는데, 실제로 고체지방은 다수의 지방결정과 구성물전체에 퍼져 있는 기름으로 이루어져 있다. 천연 라드는 다소 거친 텍스처를 가지기 때문에 라드로는 질이 좋은 케이크를 만들 수 없지만 이 문제는 분자 간 에스터 교환에 의해 개선될 수 있다. 지방산 조성 등은 돼지사료의 변화나 유전자

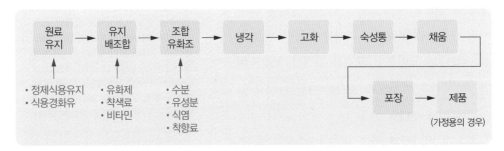

그림 10-15 마가린의 제조공정

조작에 의해 변형시킬 수 있다.

쇼트닝은 식용 동·식물성 유지, 식용 경화유 또는 이들의 혼합물을 급냉, 연합하여 가공한 크림상태 또는 고형상태의 식품을 말한다. 식물유지를 주로 사용하여 만든 가소성 유지로 제과, 제빵에 널리 이용된다. 쇼트닝은 가소성, 크림성, 유화와 분산이 잘 이루어지는 성질을 가져야 한다.

그림 10-16 라드

쇼트닝 제조의 중요한 과정은 식물성 기름을 수소화하여 원하는 조점도를 갖도록 하는 것이다. 쇼트닝에 모노글리세리드와 다이글리세리드를 첨가하여 반죽의 유화형성 능력을 높인다. β-카로틴으로 노란색을 내고 버터향을 사용하여 버터와 비슷하게 만든 쇼트닝도 있다. 쇠기름은 식품산업에 널리 이용되는 고체지방으로 β'결정의 쇼트닝을 만들기 위해 제조 도중에

제빵 시 쇼트닝의 역할

빵 반죽에서 쇼트닝은 글루텐 막과 전분 입자 사이에 막상태로 퍼져 있다가 빵을 구우면 전분막이 파괴되고 글루텐이 축소되어 고체화되는데 탄산가스와 수증기를 보유할 수 있도록 돕는다. 제빵 시에 쇼트닝의 작용은 글루텐에 가스보유력을 높여주며, 전분벽에 부착되어 윤활작용을 하므로 유연한 식감을 부여한다.

작은 조각을 넣기도 하며 단독으로는 사용되지 않는다(그림 10-17).

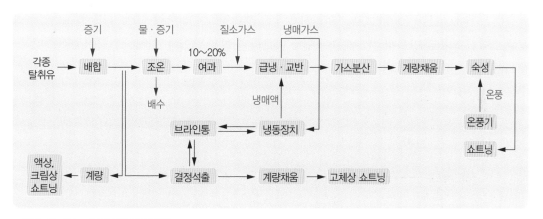

그림 10-17 쇼트닝의 제조공정

3) 마요네즈

그림 10-18　프렌치드레싱

마요네즈는 식용식물유, 식초, 난황, 조미료, 향신료 등을 혼합하여 O/W형으로 유화시킨 반고형 제품이다. 샐러드 드레싱은 마요네즈에 전분, 유화제를 첨가한 것이고 프렌치 드레싱은 난황을 첨가하지 않은 것이다. 마요네즈에 사용하는 원료 식용유로는 면실유, 옥수수기름, 대두유 등이 쓰이는데 국내에서는 대두유가 많이 사용되고 있다. 난황은 마요네즈에 응고성과 점성을 주며 식초는 pH를 낮춰 방부효과를 준다. 마요네즈 제조공정은 그림 10-19와 같다.

4) 지방대체제

최근 많은 열량을 내지 않으면서 지방의 바람직한 특성을 나타낼 수 있는 지방대체제는 다양한 소재로 만든다.

(1) 단백질로 만든 대체제

미국의 몬산토사(Monsanto Company)의 제품인 심플레스(Simplesse)는 냉동 후식류에 사용되는 지방대체제이다. 이 대체제는 미립자 형태의 유단백질과 난백으로 만든다. 심플레스는 단백질 소재 대체제이므로 열을 사용하는 제품에는 적합하지 않다. 심플레스는 식품 단백질과 물로 만들어지기 때문에 쉽게 FDA의 승인을 받았다. 단백질대 물의 비는 1:2이며, 물이 많이 함유되어 1.3kcal/g를 공급한다.

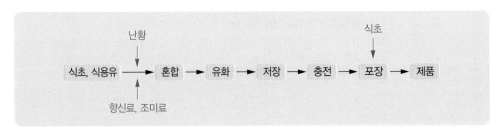

그림 10-19　마요네즈 제조공정

(2) 탄수화물로 만든 대체제

엔 라이트(N-Lite)는 전분 소재 지방대체제로서 검질과 무지방분유 같은 천연 식품 소재로 만든다. 스텔라(Stellar)도 전분 소재 지방대체제이다. 이 제품은 에이이스텔리사 (A.E. Staley Manufacturing Company)에서 제조하며, 옥수수 전분으로 만든다. 슬렌디드 (Slendid)는 헤르쿨사(Hercules)에서 만들어진 또 다른 탄수화물 소재 대체제이다.

오트림(Oatrim)은 귀리로 만든 지방대체제이다. 오트림을 가열할 때 형성되는 겔은 1g 당 1kcal 이하의 열량을 제공한다. 오트림은 우유 함유 음료, 샐러드 드레싱, 육류, 치즈 스프레드, 고식이섬유 빵에 사용된다.

폴리덱스트로스(polydextrose)는 전분 중합체에 소량의 솔비톨과 구연산을 혼합한 것 이다. 이것은 부피 증가제, 텍스처 개량제, 보습제로 사용된다. 폴리덱스트로스는 1kcal/g 정도를 공급한다. 난소화성이므로 하루에 90g 이상 섭취하면 변통효과가 있다.

(3) 지방으로 만든 대체제

지방 소재 대체제는 일반 유지에 대한 대체제로 사용된다. 살라트림(Salatrim)이 대표적 인 예이다. 베네팻(Benefat)이라는 명칭으로 판매되는 살라트림은 긴사슬지방질과 6~12 개의 탄소로 구성된 짧은사슬지방질 분자 간의 에스터교환에 의해 생성된 구조화 중성지 방이다. 살라트림은 5kcal/g를 공급한다. 카프레닌은 비헨산(탄소 22개, 포화지방산), 카프 르산(탄소 10개, 포화지방산), 그리고 카프릴산(탄소 8개, 포화지방산)으로 구성되어 있다. 카프레닌은 5kcal/g 정도만 공급한다. 올레스트라(Olestra)는 탄수화물과 지방의 혼합물 인 지방대체제로, 수크로스 폴리에스터로 분류된다.

> **지방을 대체하는 방법**
>
> 조리를 할 때 레시피에 있는 유지를 다른 것으로 대체해야 할 때가 있다. 버터를 다른 지방으로 대체할 때, 버 터는 지방 80%와 수분 16.5% 정도를 함유하고 있다는 것을 알아두어야 한다. 막대 마가린은 버터와 조성이 비슷해서 동량의 마가린으로 대체할 수 있지만, 향미와 텍스처에 미묘한 차이가 있다. 통 마가린은 녹는점이 낮기 때문에 과자 제조에 사용하면 막대 마가린 또는 버터보다 과자를 더 퍼지게 한다.
> 쇼트닝과 라드는 동량의 버터나 마가린으로 대체할 수 없다. 쇼트닝은 100% 지방이기 때문에 버터 대신 사용하려면 버터의 90% 정도, 즉 버터 한 컵당 쇼트닝 7/8컵 정도를 사용해야 한다. 라드는 100% 지방이므 로 동량의 쇼트닝으로 대체할 수 있다. 쇼트닝이나 라드를 버터 대신 사용할 때 소량의 소금을 사용하면 향미 가 좋아진다.

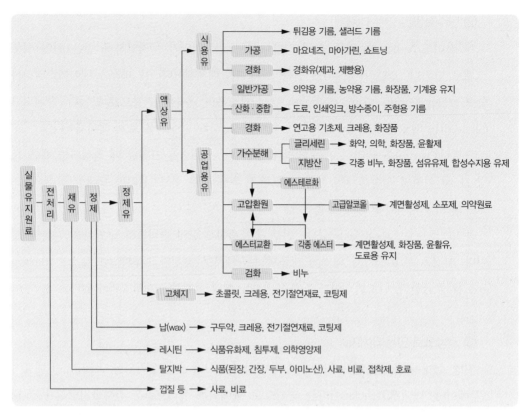

그림 10-20 유지공업제품

7) 기타제품

식물유지원료로 식품뿐 아니라 다양한 유지공업제품이 생산되는데 그 대략적인 종류는 그림 10-20과 같다.

6. 유지의 저장

유지는 저장이나 가공 중에 자동산화 같은 변화의 과정을 겪게 된다(그림 10-21). 유지는 산화와 가수분해에 의한 변화를 통해 품질이 저하되는데, 특히 리파제에 의해 분해되거나 자동산화에 의해 저분자물질이 생성되어 연기 생성, 착색, 풍미 저하 등의 품질 저

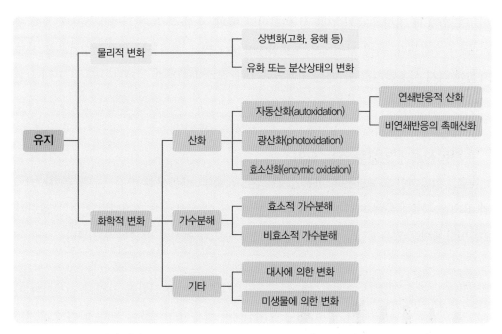

그림 10-21　유지의 변화

하를 가져온다. 유지의 산화를 유발하는 요인은 ① 착유원료, ② 제조방법, ③ 유지의 내부적 요소, ④ 유지의 외부적 요소, ⑤ 보존조건, ⑥ 제조조건, ⑦ 제품의 상태 등이다. 그중에 특히 불포화지방산을 가진 식물성 기름은 자동산화에 의한 품질저하가 문제이다.

1) 유지의 가수분해

유지가 물과 반응하여 가수분해되거나 리파제의 작용으로 중성지방에서 지방산이 분해되면서 품질이 저하될 수있다. 이런 경우 산가가 증가하고 비점이 낮은 저급지방산은 휘발성분으로 나쁜 냄새를 내게 된다. 가수분해를 일으키는 효소는 식품이나 미생물이 제공하므로 식품저장 시 저온저장하거나 가열을 통해 효소반응을 억제시킨다.

2) 유지의 자동산화

불포화지방산은 공기 중의 산소에 의해 자동산화된다. 이러한 유지의 산화는 과산화물의 생성, 카보닐 화합물의 생성, 유지분자의 열분해, 이성화 반응 등이 가속화되면서 유지의 중합반응과 점성의 증가, 지용성 비타민의 파괴, 소화 흡수율의 저하, 독성물질의 증가 등이 수반된다. 특히 가정에서 불포화지방산이 많은 콩기름이나 옥수수기름을 쓰고 다음에 다시 사용하려고 할 때는 밀폐된 용기에 공기의 접촉을 피하고 어두운 곳에 보관하는 것이 필요하다.

3) 자동산화에 영향을 주는 요인

온도 일반적인 화학반응과 마찬가지로 온도상승은 자동산화 반응속도를 증가시키지만 유지는 특수온도에 민감하여 100℃ 이상에서는 과산화물이 축적되지 않고 분해되며, 0℃ 이하에서는 얼음결정의 석출로 금속촉매의 농도가 높아져 반응이 촉진된다.

그림 10-22 착색병

빛 빛은 유지의 산화를 가장 촉진시키며 자외선이나 방사선의 영향이 크다. 따라서 유지는 어두운 장소나 착색병에 보관해야 한다.

수분 수분은 유지산화를 촉진하나 단분자층의 수분은 유지산화를 억제한다.

금속이온 구리, 주석, 아연, 철 등의 이온은 산화를 촉진하므로 유지를 담는 용기는 스테인리스 스틸이 좋다.

색소화합물 엽록소, 헴 등도 산화를 촉진하므로 유가공품이나 정제하지 않은 기름은 저장 중에 주의하여야 한다.

효소 리폭시게나제 같은 효소도 산화를 촉진한다.

4) 유지의 저장

유지의 자동산화나 가수분해를 억제하는 방법이 효과적인 저장법이다. 산화를 촉진하는 인자와 이를 제어하는 방법은 다음과 같다.

• 물리적 방법

유지의 향미, 색깔, 융점, 응고점, 고체지수, 비중, 점도, 굴절률, 발연점, 인화점 등을 통해 유지의 품질을 측정한다.

• 화학적 방법

화학적으로 유지의 품질을 측정하는 방법에는 산가, 검화가, 아세틸가, 요오드가, 불검화물가, 과산화물가, 카보닐가 등이 있다.

- 산가 : 정제되지 않은 유지나 오래 저장된 유지에서 분해되는 지방산의 양을 측정하는 것으로 산패된 유지는 산가가 높다.
- 검화가 : 유지 1g을 비누화(검화)시키는 데 필요로 하는 수산화칼륨의 mg 수를 말한다. 검화가는 지방산의 분자량에 반비례 한다.
- 아세틸가 : 유지 속의 수산기(−OH)를 가진 지방산의 함량을 표시하는 값이다.
- 요오드가 : 유지 100g에 흡수되는 요오드의 g 수로 유지의 불포화도를 결정하는 값이다.
- 과산화물가와 카보닐가 : 각각 유지 중의 과산화물의 함량과 카보닐 화합물의 양, 즉 유지의 산화정도를 측정하는 값이다.

• 산소 : 뚜껑을 닫고 탈산소제나 산소를 차단하는 포장재를 사용한다.

• 빛 : 빛을 차단하기 위해 착색병을 사용하거나 불투명한 종이를 사용한다.

• 온도 : 고온은 지방의 산화를 촉진하므로 지방의 산화를 막기 위해서는 가능한 저온 저장한다.

• 금속 : 구리나 철은 산화를 촉진하므로 조리도구로 스테인리스스틸을 사용한다.

• 사용했던 기름을 반복 사용하지 않고 가공식품의 경우 항산화제를 첨가하면 효과적이다.

기능성식품,
조미료와 향신료

기능성식품, 조미료와 향신료

식품의 기능을 분류하면 다음과 같이 크게 세 가지로 나누어 볼 수 있다. 제1차 기능은 영양기능이고, 제2차 기능은 감각기능이며, 제3차 기능은 생체조절기능이다. 그리고 식품의 종류 또한 국가, 관습, 법규에 의해 다양하게 정의되고 있다.

1. 건강기능식품

생활수준의 향상, 건강에 대한 욕구 증대 등으로 건강에 대한 관심이 높아지고, 식습관에 따른 만성질환이 증대되면서 식품의 3차 기능인 생체조절기능에 대한 관심이 높아지고 있다.

우리나라는 '건강식품'이라 할 수 있는 식품을 제도화하여 건강보조식품, 특수영양식품, 인삼제품류로 관리하여 왔다. 그러나 이러한 건강식품이 불법적인 허위·과대광고로 소비자의 피해나 국민보건상의 문제 등 새로운 사회적 문제가 발생하게 되었다. 이에 따라, 건강기능식품에 대한 국가차원의 관리를 위해 2002년 8월말에 『건강기능식품에 관한 법률』이 공포되었다.

건강기능식품에 관한 법률에서 건강기능식품은 '인체에 유용한 기능성을 가진 원료나 성분을 사용하여 정제, 캡슐, 분말, 과립, 액상, 환 등의 형태로 제조, 가공한 식품'으로 정의되었고 2008년 3월 건강기능식품의 6가지 제형에 관한 부분이 삭제되면서 다양한 형태의 제조가 가능하게 되었다.

1) 건강기능식품의 종류

건강기능식품은 기능성원료를 사용하여 제조가공한 제품으로, 기능성원료는 식품의약품안전처에서 「건강기능식품 공전」에 기준 및 규격을 고시하여 누구나 사용할 수 있는 고시된 원료와 개별적으로 식품의약품안전처의 심사를 거쳐 인정받은 영업자만이 사용할 수 있는 개별인정 원료로 나누어진다.

(1) 고시형(기준 규격형)

고시형 원료란 건강기능식품 공전에 등재되어 있는 기능성 원료를 의미하며, 건강기능식품공전에서 정하고 있는 제조기준, 규격, 최종제품의 요건에 적합할 경우 별도의 인정 절차 없이 일정자격을 갖춘 영업자는 제조·수입할 수 있다. 2015년 현재 영양소(비타민 및 무기질, 식이섬유 등), 터핀류, 페놀류, 지방산 및 지질류, 당 및 탄수화물류, 발효미생물류, 아미노산 및 단백질류, 일반원료 등 88여 종의 원료가 등재되어 있다.

(2) 개별인정형

개별인정형 원료는 건강기능식품 공전에 등재되지 않은 원료로, 식품의약품안전처장이 개별적으로 인정한 원료를 의미한다. 따라서 이러한 경우 영업자가 원료의 안전성, 기능성, 기준 및 규격 등의 자료를 제출하여 관련 규정에 따른 평가를 통해 기능성 원료로 인정을 받아야 하며 인정받은 업체만이 동 원료를 제조 또는 판매할 수 있다. 현재까지 장 건강에 도움을 주는 건강기능식품, 콜레스테롤 유지에 도움을 주는 건강기능식품, 건강한 혈액의 흐름에 도움을 주는 건강기능식품, 건강한 혈압의 유지에 도움을 주는 건강기능식품, 건강한 체지방 유지에 도움을 주는 건강기능식품, 건강한 혈당유지에 도움을 주는 건강기능식품, 인체에 유해한 활성산소의 제거에 도움을 주는 건강기능식품, 건강한 면역 기능유지에 도움을 주는 건강기능식품, 뼈와 관절 건강에 도움을 주는 건강기능식품, 인지능력 유지에 도움을 주는 건강기능식품, 치아 건강에 도움을 주는 건강기능식품

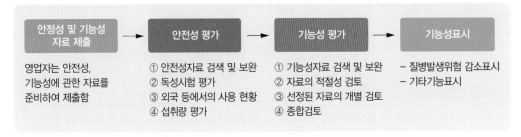

안정성 및 기능성 자료 제출	안전성 평가	기능성 평가	기능성표시
영업자는 안전성, 기능성에 관한 자료를 준비하여 제출함	① 안전성자료 검색 및 보완 ② 독성시험 평가 ③ 외국 등에서의 사용 현황 ④ 섭취량 평가	① 기능성자료 검색 및 보완 ② 자료의 적절성 검토 ③ 선정된 자료의 개별 검토 ④ 종합검토	– 질병발생위험 감소표시 – 기타기능표시

그림 11-1　건강기능식품의 안정성·기능성 평가절차

등 175여 종의 기능성원료가 있다. 개별인정형 원료도 일정기간 평가를 거쳐 고시형으로 편입될 수 있다.

2) 기능성의 종류와 등급

기능성은 그 종류에 따라 '영양소기능', '질병발생 위험감소 기능', '생리활성 기능'이 있으며, 생리활성기능은 기능성 근거자료에 따라 1, 2, 3등급으로 세분화되어 있다.

3) 건강기능식품의 표시내용 및 표시기준

'건강기능식품의 표시기준'에 의해 기능성 표시는 영양소기능표시, 인체의 성장·증진 및 정상적인 기능에 대한 영양소의 생리학적 작용을 나타내는 영양소기능 외의 기타기능 표시, 전체식사를 통한 식품의 섭취가 질병의 발생 또는 건강상태의 위험감소표시 등 세 가지로 구분되어 있다. 또한 건강기능식품의 용기·포장에는 의무적으로 표시해야 하는 사항이 있는데 다음과 같다.

- 건강기능식품이라는 표시
- 기능성분 또는 영양소 및 그 영양섭취기준에 대한 비율(영양섭취기준이 설정된 것에 한함)
- 섭취량 및 섭취방법, 섭취 시 주의사항
- 유통기한 및 보관방법
- 질병의 예방 및 치료를 위한 의약품이 아니라는 내용의 표현
- 그 밖의 식품의약품안전처장이 정하는 사항

표 11-1 근거자료에 의한 기능성 등급

자료검토 결과					기능성 등급	기능성 표시의 예
연구유형	질	양	일관성	활용성		
T2	QL1	QN1	C1	R1	질병발생위험 감소기능[1](SSA)	○○는 △△ 질병의 발생위험을 감소하는 데 도움이 될 수 있습니다.
T2	QL1	QN1	C1	R1	기타기능표시 I [2] (convincing)	○○는 △△의 개선에 도움을 줍니다.
T2	QL2	QN2	C2	R2	기타기능표시 II [3] (probable)	○○는 △△의 개선에 도움을 줄 수 있습니다.
T3	QL2	QN2	C2	R2	기타기능표시 III [4] (insufficient)	○○는 △△의 개선에 도움이 될 수 있으나, 인체실험을 통한 확인이 필요합니다.
T4	QL2	QN2	C2	R2		

주 : 1) 질병발생위험감소기능표시 : 질병과 직접 관련된 바이오마커를 사용하였으며, 코호트연구 이상의 질이 좋은 인체시험자료가 다수 있으며, 모두 일관된 결과를 나타내고 있어 관련 전문가집단에서 긍정적인 합의에 도달할 만큼 자료가 확보된 경우에만 인정받는다.

2) 기타기능표시 I : 신체의 기능과 구조의 개선을 나타내는 바이오마커를 사용하여 동물시험과 시험관시험 외에 다수의 질 좋은 인체시험이 수행되어 기능성이 확인된 경우에 인정한다.

3) 기타기능표시 II : 기타기능 III을 인정할 정도의 동물시험과 시험관시험 및 규모가 작지만 복수의 인체시험을 통해 기능성이 확인되었거나 또는 하나라도 충분한 크기의 적절한 인체시험이 확보된 경우 인정한다.

4) 기타기능표시 III : 동물시험과 인체시험을 통해 용량반응, 반응기전 등이 확인되었으나, 인체시험을 통해 확인되지 않았거나, 인체시험이 실시되었더라도 질적으로 우수하지 못한 경우에 인정한다.

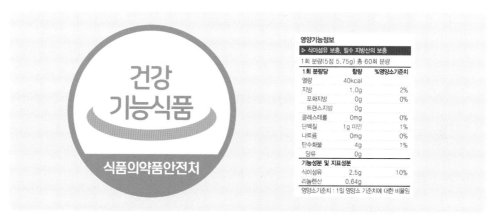

그림 11-2 건강기능식품 마크 및 영양·기능정보 표시 내용(예시)

2. 조미료 및 향신료

1) 조미료

조미료(seasoning)는 식품의 맛을 강화하거나 식품의 맛을 어우르게 할 목적으로 사용된다. 조미료는 만드는 재료에 따라 천연조미료와 화학조미료로 구분되고 맛에 따라 짠맛을 내는 조미료, 단맛을 내는 조미료, 신맛을 내는 조미료, 감칠맛을 내는 조미료 등으로 나눌 수 있다.

표 11-2 **조미료의 종류**

종류	예
짠맛을 내는 조미료	소금, 간장, 된장 등
단맛을 내는 조미료	설탕, 꿀, 물엿 등
신맛을 내는 조미료	식초 등
감칠맛을 내는 조미료	MSG, 핵산계 조미료 등

2) 향신료

FDA에서 규정한 향신료의 정의는 "식품조미료로 사용되는 건조 방향성 채소류로 규정하고 향신료 명칭은 원료로부터 붙여져야 하며 추출한 일부 휘발성 성분이나 향기성분으로부터 이름을 붙여서는 안 된다."라고 규정하고 있다.

향신료는 스파이스와 허브로 구분할 수 있는데, 스파이스는 식물의 가지, 열매, 껍질, 뿌리 등에서 얻는 방향성 물질을 말하며, 허브는 식물의 잎을 신선한 형태로 또는 말려서 사용하는 것을 의미한다.

3) 향신료의 종류

(1) 마늘

마늘은 백합과 채소로 알린이라는 함황물질을 갖고 있어 특유의 강한 향과 매운맛을

제공한다. 마늘의 알린은 알리나제라는 효소의 작용을 받아 알리신
으로 변화되어 특유의 맛과 향을 갖게 된다.

(2) 후추

후추는 차비신이라는 매운맛 성분을 갖고 있다. 후추를 분말상태
로 오래 저장하면 차비신의 일부는 더 안정한 상태인 피페린으로 이
성화하면서 후추의 매운맛이 감소한다.

후추는 완숙 후추를 가루로 낸 흰 후추와 미숙 후추 열매를 건
조하여 분말을 낸 검은 후추로 나뉜다. 검은 후추는 흰 후추에 비해 녹말이 적고 지방,
회분, 휘발성유가 많고 흰 후추보다 더 맵고 향기가 강하다.

(3) 겨자

겨자는 크게 서양겨자와 동양겨자로 나뉘며, 서양종은 종자가 적
갈색 구형인 흑겨자와 황색 구형인 백겨자로 구분하고 동양종은 주
로 백겨자인데 겨자씨를 천일건조한 후 거칠게 빻아 체질하여 사용
한다.

흑겨자에는 시니그린, 백겨자에는 시나루빈이라는 물질이 함유되어 있는데 이들은 미
로시나제에 의해 휘발성 겨자유로 분해되어 방향과 향미를 나타낸다.

(4) 산초

산초(산추, Japanese pepper)는 산초열매를 말려서 가루로 한 후
사용하며 천초, 참초라고도 한다. 생선의 비린내와 고기의 누린내를
줄여주어 추어탕 등에 주로 사용된다.

(5) 계피

계피는 후추, 정향과 함께 세계 3대 스파이스 중의 하나이다. 계
수나무의 뿌리, 줄기, 가지 등의 껍질을 벗겨 건조시킨 것으로 두께

가 얇고 향기가 좋은 것이 품질이 좋다. 주성분은 맵고 달콤한 성분인 시나믹 알데히드 (cinnamic aldehyde)로 전체의 65~70%를 차지하고 방향과 단맛이 나는 매운맛이 있다. 통계피는 수정과 등에 사용되고, 계핏가루는 경단 등의 떡고물, 카푸치노 커피 등에 사용된다.

(6) 생강

생강은 진저론, 쇼가올, 진저롤에 의해 특유의 매운맛과 고유한 향을 낸다. 고기의 누린내와 생선 비린내를 억제하는 용도로 많이 이용된다.

(7) 징향

정향은 꽃이 피기 전의 봉오리를 따서 말린 것으로 스파이스 중에서 꽃봉오리를 사용하는 유일한 품종이다. 원재료의 향을 없애 버릴 정도로 향기가 강해 육류의 냄새 제거에 효과적이며 백리향이라는 별칭을 갖는다. 식품, 약품, 방부제, 발작증 및 치과에서 진통제 등으로 쓰이며, 봉오리를 건조시킨 것은 그대로 햄이나 고기에 찔러서 요리하고, 가루는 스튜나 구운 과자에 이용한다.

(8) 월계수잎

월계수잎은 생잎을 그대로 건조시켜 향신료로 이용하는데 생잎은 약간의 쓴맛이 나고 말린 잎은 단맛과 쓴맛이 어우러지며 향긋한 향이 난다.

(9) 바질

바질은 달콤하며 톡 쏘는 맛이 난다. 토마토 요리, 피자, 스파게티, 샐러드 등의 요리에 많이 이용된다.

(10) 로즈메리

로즈메리는 강한 향기와 살균력을 지니고 있다. 육류요리나 수프, 구운 감자 등에 사용된다.

(11) 샤프란

샤프란은 샤프란 꽃의 암술로 만든 향신료로 세계에서 가장 비싼 향신료이다. 독특한 향, 단맛과 더불어 쓴맛도 갖고 있다.

(12) 회향

회향(fennel)은 향기와 단맛 때문에 리큐어주의 원료와 양념으로 이용된다. 피클, 빵, 카레, 소스, 포도주 등의 부향제로 생선과 육류의 냄새를 제거하고 맛을 돋우는 데 이용된다.

(13) 캐러웨이

캐러웨이(caraway)는 완숙한 씨를 통째로 혹은 갈아서 향신료로 이용된다. 상큼한 향기, 부드러운 단맛과 쓴맛이 난다. 씨는 사우어 크라우트(sauerkraut), 큔멜, 치즈, 보리빵, 쿠키, 소시지, 카레가루 등에 이용되며, 잎은 샐러드에 사용된다.

(14) 강황

강황은 카레의 노란색을 나타내는 성분을 의미하며, 카레가루, 부침, 튀김 등에 이용된다.

(15) 오레가노

오레가노는 독특한 향과 매운맛으로 토마토를 이용한 피자나 파스타 등에 사용된다. 또한 소스나 오믈렛 등에도 이용된다.

(16) 세이지

세이지(sage)는 세루비아라고 불리는 약용 다년생 식물이다. 잎을
따서 그늘에 말려 사용한다. 쑥과 유사한 신선한 향기를 가지며, 쓴
맛과 매운맛이 약간 난다. 고기의 냄새를 제거할 때 효과적이며, 약
용으로 사용할 때는 잎을 삶아서 사용한다.

(17) 카옌페퍼

칠리페퍼를 가루로 만든 것으로 자극성이 강한 매운맛을 가지고
있다. 피클, 카레, 육류 요리 등에 이용한다.

(18) 올스파이스

올스파이스는 열매가 성숙하기 전에 건조시켜 사용하며 매운맛
을 가지고 있다. 정향, 너트메그, 계피를 합친 것과 같은 독특한 향
과 맛이 난다. 육류 및 생선요리에 많이 이용되며 청어절임에도 사
용된다.

(19) 너트메그

너트메그는 육두구 열매의 씨를 말린 것을 의미하고 씨를 둘러싼
빨간 반종피를 말린 것은 메이스라 한다. 단맛과 쓴맛이 있으며 도
넛, 푸딩, 육류와 생선 등에 사용한다. 우리나라에서는 옛날부터 방
향성 건위제로 사용되어 왔다.

CHAPTER / 12

식품의 포장

식품의 포장

다양한 특성의 포장재의 개발 및 포장기술의 발전에 따라 식품의 포장은 식품 생산의 중요한 과정으로 자리 잡게 되었으며 식품의 품질 유지 및 저장성 개선에도 큰 역할을 하고 있다. 이 외에도 식품의 포장은 위생적 안전성 확보, 상품가치 향상, 식품의 보호, 유통 및 판매의 편리성 등의 역할을 한다.

1. 식품포장재의 조건

1) 위생적 안전성

포장재는 무해, 무독, 무미, 무취이어야 한다. 포장재의 유해 성분은 식품의 수분, 산, 지방 등에 의해 용출되어 식품에 이행됨으로써 위생상의 문제를 일으킬 수 있다. 플라스틱 필름의 가소제, 안정제로 사용되는 스티렌 모노머 및 다이머는 환경 호르몬으로 알려져 있으며, 인쇄 잉크로 인한 카드뮴과 납 등의 오염, 열경화성 페놀 용기에서 검출되는 포름알데히드와 같은 유해물질에 주의해야 한다.

2) 보호성과 작업성

포장재가 손상되어 내용물이 파손되지 않도록 포장재는 물리적 강도가 커야 한다. 또한 빛, 산소, 수분 등에 대한 차단성, 즉 차광성, 방습성, 방수성, 보향성이 우수하고 내열성, 내한성, 내수성이 좋아야 한다. 또한 포장재는 식품을 포장하는 과정 중에 물리적 손상을 입지 않아야 하고 쉽게 밀봉할 수 있어야 한다.

3) 편리성

포장재는 이지오픈뚜껑(easy open end, EOE), PP 캡, 개봉선 표시 등을 이용하여 쉽게 개봉할 수 있도록 해야 한다(그림 12-1). 이지오픈뚜껑에는 손으로 당기는 풀탭(full tab) 방식과 탭링을 잡아당겨 완전히 떼어내는 링풀(ring full)이 있으며 링풀에는 탭 분리형과 탭을 잡아당기면서 내측으로 누르는 스테이온탭(stay on tab, SOT)있다. PP 밴드는 마개를 열 때 PP 밴드가 캡 본체와 분리되어 쉽게 개봉할 수 있다.

4) 상품성과 경제성

포장은 판매촉진 기능을 하므로 소비자가 청결감을 느끼고, 구입 충동을 느낄 수 있도록 포장지가 잘 디자인되어야 한다. 아울러 포장재는 저렴한 가격에 대량 생산할 수 있고 가볍고 부피가 작아 운반이나 보관이 편리해야 한다.

풀탭   링플(SOT)   PP 밴드

그림 12-1   이지오픈뚜껑과 PP 밴드

5) 환경친화성

포장재의 폐기는 환경오염, 자원낭비와 같은 문제가 있으므로 포장재는 재사용 또는 재활용관련 마크를 이용하여 재활용하도록 한다.

2. 식품포장재의 종류

1) 유리

유리는 투명하고 광택이 있으며 청량감이 있어 오래 전부터 식품포장에 사용되어 왔다. 유리는 무겁고 외부 충격에 약한 단점이 있지만 화학적으로 불활성이므로, 식품성분과 반응하지 않아 식품을 비교적 오래 서상할 수 있고, 탄산음료나 섬세한 향미를 내는 식품의 포장에 사용된다. 유리병에는 일반 유리병 그리고 일반 유리병의 단점을 보완한 경량병, 강화병, 자외선 차단 유리병 등이 있다.

경량병은 두께가 얇은 유리병에 발포성 폴리스티렌이나 수축 폴리염화비닐, 종이 라벨을 씌워 만들기 때문에 매우 가벼우며 병이 깨질 때 파편이 흩어지지 않는다. 플라스틱을 함유하고 있어 재활용 시 쉽게 분리되지 않으며 주로 원웨이병(one-way bottle)으로 사용된다.

강화병은 유리병의 강도를 증가시킨 것으로 화학 강화병, 플라스틱 강화병 등이 있다. 화학 강화병은 Na^+을 K^+으로 교환하여 표면에 무거운 압축층을 형성시켜 강도를 높인 것이다. 플라스틱 강화병은 플라스틱 수지를 코팅하여 강화시킨 병으로 내용물의 투시성이 좋지 않으나 회수하여 재사용할 수 있다. 이 병은 제조과정이나 고온 저장 시 내압에 의해 깨질 위험이 있는 탄산음료용기 등으로 이용한다. 또한 표면 코팅을 하여 표면을 보호하고 강도를 높이기도 한다. 한편 유리에 철, 크롬, 셀레늄 등을 첨가한 자외선 차단병은 지방 함량이 많은 식품이나 빛에 민감한 색소를 함유한 식품의 용기로 이용된다.

> **원웨이병이란?**
> 소화제와 같은 약품이나 와인 등을 담는 병은 재활용되지 않고 일회용으로 사용되는 원웨이병(one-way bottle)으로 크기가 비교적 작고 검은색이 많다. 일반적으로 재활용병에 비해 가볍고 두께가 얇으며 병을 보호하기 위해 수축필름 라벨을 부착한다.

2) 알루미늄박

포장재로 사용하는 알루미늄박은 순도 99.5% 이상되는 알루미늄을 압연해서 두께 0.015mm 이하로 만든 것이다. 알루미늄박은 가볍고 금속광택이 있으며 가스차단성, 내유성, 내한성, 내열성(용융점 658℃)이 우수하나, 내산성, 내알칼리성, 내염분성 등이 좋지 않다. 특히 기계적 강도가 매우 약하므로 대부분 종이나 플라스틱 필름과 라미네이션필름을 만들어 물리적 강도를 높여 과자류, 차류, 라면 등의 유연포장재로 사용한다. 두꺼운 알루미늄박을 압착하여 만든 강성용기는 1회용 접시 형태로 즉석요리용으로 이용되거나 냉동식품포장에 사용된다. 알루미늄 튜브는 겨자, 치즈 스프레드와 같은 식품 포장에 사용된다.

3) 종이

종이는 가볍고 가격이 저렴하며 인쇄적성이 좋으나 기체투과성이 크고 방습성, 내수성, 열접착성이 없다. 다른 재료를 코팅하거나 접합함으로써 종이의 단점을 보완하거나 새로운 특성을 부여할 수 있다.

(1) 종이의 종류

종이는 크라프트지와 가공지로 나누어진다. 크라프트지는 80% 이상의 크라프트 펄프로 만들어 강도가 높으며 식품 포장뿐 아니라 다층 종이백, 봉투, 봉지 등으로도 사용된다. 가공지는 적절한 처리를 하여 특성을 개선한 것으로 황산지, 글라신

그림 12-2　황산지와 왁스지 포장식품

지, 왁스지 등이 있다. 종이를 황산에 담가서 만든 황산지는 내수성과 내유성이 좋고 물리적 강도가 크며, 탄력성과 신축성도 비교적 좋아 버터, 마가린, 치즈의 속 포장지로 많이 이용된다. 글라신지는 내유성이 있는 박엽지로 표면이 매끄럽고 투명도가 매우 높다. 왁스지는 글라신지에 왁스를 입힌 것으로 과자, 빵, 조미향신료 등의 포장에 사용된다. 왁스지는 접은 부분에 금이 가서 방습성이 나쁘고 열접착성도 좋지 못하므로 이를 개선하

기 위해 폴리에틸렌, 폴리프로필렌, 천연고무, 합성고무 등을 첨가하여 제조한다.

(2) 판지

판지는 식품의 외포장재로 가장 많이 사용되는 것으로, 국산 판지는 두께 0.3mm 이상이거나 중량 100g/m² 이상의 종이를 말한다. 판지는 라이너 원지를 단일 겹 또는 여러 겹으로 만드는데, 일반적으로 여러 겹의 다층판지이므로 두껍고 단단하다. 다층판지는 플라스틱 필름이나 다른 종이와 결합하여 사용한다.

(3) 종이용기

컴포지트 캔 컴포지트 캔(composite can)은 종이, 알루미늄박, 플라스틱 필름으로 캔의 몸통을 나신형 또는 일반 회전에 의해 평평하게 감고 바닥과 뚜껑은 알루미늄이나 플라스틱 필름, 주석도금강판, 종이 등으로 접합한 복합용기이다(그림 12-3). 보습성, 보향성이 우수하고 가볍고 쉽게 폐기할 수 있으나 금속 캔처럼 증기나 열수 살균을 할 수 없으며 밀봉성이 좋지 못하다. 주스, 녹차, 과자류(감자칩, 크래커) 등의 포장, 위스키 병의 포장용기로 널리 사용되며 내압에 약하므로 발포성 음료에는 사용하지 않는다.

그림 12-3 컴포지트 캔

밀크카톤 우유팩으로 잘 알려져 있는 밀크카톤은 종이 내면이나 양면에 폴리에틸렌(PE)을 라미네이션하거나 왁스 코팅하여 내수성을 갖게 한 포장재이며 우유, 주스, 소주, 청량음료의 포장에 이용된다. 이 포장재는 모양에 따라 삼각지붕 모양(gable top)과 벽돌 모양(brik)으로 나누어지며, 우리나라

삼각지붕 모양   벽돌 모양

그림 12-4 밀크카톤

에서 사용되는 우유 포장용기의 95% 이상이 삼각지붕 모양의 카톤팩이다(그림 12-4). 밀크카톤은 퓨어팩, 테트라팩 등 제조회사에 따라 다양한 명칭을 사용한다. 무균포장용 테트라브릭 용기는 PE(외면층), 종이, PE, 알루미늄포일(Al), PE(내면층)와 같이 다섯 층으로 된 복합지가 사용된다.

기타 종이용기   백인박스(bag-in-box)는 골판지 상자나 종이 카톤으로 외포장을 하고, PE, 종이 또는 PE, 종이, Al 등으로 내포장 용기를 만들어 내용물을 넣은 다음 외포장에 구멍을 내어 내포장의 마개(스파우트)가 나오도록 한 것으로 주로 주스의 용기로 사용된다. 종이컵은 종이 안쪽 면에 PE 등을 라미네이션하거나 알루미늄박을 코팅한 것으로 만든다. 이 외에 펄프 혼합물을 몰드에 넣어 성형시킨 종이 몰드 용기는 달걀의 포장판 등으로 사용된다.

그림 12-5　종이컵과 종이 몰드 용기

4) 플라스틱

플라스틱은 열이나 압력을 가하여 일정한 모양으로 만들 수 있는 고분자 화합물이다. 유리와 같은 포장재에 비해 가볍고 가소성이 있으며 산, 알칼리 등의 화학물질에 대해 매우 안정하다. 또한 인쇄성, 열접착성이 좋고 저렴하게 대량생산이 가능하여 포장재로 널리 사용되고 있다.

(1) 플라스틱 포장재의 종류

폴리에틸렌   폴리에틸렌(PE)은 에틸렌을 중합하여 만든 고분자 중합체로 가장 먼저 상업화되었다. 일반적으로 폴리에틸렌은 가격이 저렴하고 방습성, 방수성이 좋으나 기체투과성이 크다. 폴리에틸렌 필름은 유연 포장에 다양하게 이용되고 있다. 고압(1000~3000 기압) 하에서 중합한 저밀도 폴리에틸렌(LDPE)은 내한성이 크고 열접착성과 유연성이 좋고 가격이 저렴하여 냉동식품포장, 봉투, 백, 겉포장 등에 사용된다. 상압이나 저압(-100

기압) 하에서 만든 고밀도 폴리에틸렌(HDPE)은 LDPE에 비해 유연성은 좋지 않지만 기체 차단성이 좋고 120℃ 정도에서 연화하므로 가열살균포장용기로 사용된다.

폴리프로필렌   폴리프로필렌(PP)은 프로필렌을 저온에서 중합한 가장 가벼운 플라스틱 필름 중 하나이다. PP는 뛰어난 표면광택과 투명성을 가지며 내유성, 내한성, 방습성이 좋고, 특히 내열성이 커서 레토르트 파우치 포장재로 이용되고 있으나 산소 투과성이 커서 알루미늄 적층이나 염화비닐리덴 코팅을 하여 산소를 차단하고 있다. 무연신 폴리프로필렌필름(CPP)은 제빵류, 과일, 채소의 포장에 사용되며 라면, 과자류의 포장재에 라미네이션하여 열접착용으로 이용되기도 한다. 물리적 강도와 내열성이 향상된 연신필름은 레토르트 식품포장에 사용된다. 이축연신 폴리프로필렌필름(OPP)은 투명성과 표면 광택이 좋고 기계적 강도가 높아 과자류, 라면, 빵 능의 유연포장재에 인쇄용으로 사용된다(그림 12-6).

폴리염화비닐   폴리염화비닐(PVC)은 염화비닐을 중합시킨 중합체로 단단하고 부서지기 쉬우며 열에 불안정하지만 내유성, 내산성, 내알칼리성이 크다. 가소제를 사용하면 부드럽고 유연해지는데 가소제의 양이 많으면 유연성과 기체투과성이 커진다. 경질 PVC는 내유성, 내산성, 내알칼리성이 크고, 특히 가스 차단성이 좋아 유지 식품포장에 사용된다.

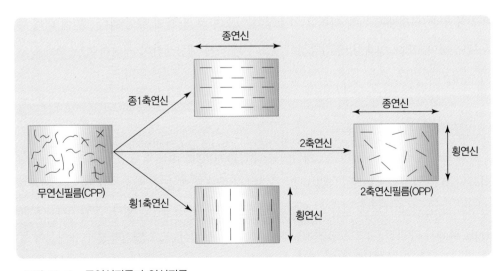

그림 12-6 무연신필름과 연신필름

연질 PVC는 유연하고 부드러우며 광택과 투명성이 좋다. 산소투과성과 수분투과성이 커서 신선육, 채소류 포장에 사용된다.

폴리염화비닐리덴 폴리염화비닐리덴(PVDC)은 염화비닐리덴과 염화비닐, 아크릴로나이트릴과의 공중합체이다. PVDC는 광택이 있고 투명하며 수분 및 기체 투과성이 낮고 -30℃에서도 유연성을 유지하며 방습성, 내수성, 내열성, 인쇄성이 좋다. 식품포장 후 가열하면 수축하여 밀착 포장을 할 수 있으므로 어육 소시지나 어묵의 케이싱, 닭고기와 햄 등의 수축 포장에 사용되며, 용융점이 높아 전자레인지용 랩 필름, 김이나 스낵과 같이 향의 보존이 필요한 식품포장에도 이용된다.

폴리스티렌 폴리스티렌(PS)은 스티렌의 중합체로 일반 폴리스티렌(GPPS)은 가볍고 투명하며 광택이 있고 인쇄적성, 단열성이 좋지만 충격에 약하고 수분 및 기체 투과도가 크며 내열성, 내한성이 좋지 못하다. 강도와 유연성이 개선된 이축연신 폴리스티렌은 과자의 내 포장용 트레이, 발포성 폴리스티렌(EPS)은 컵라면 용기, 내충격성 폴리스티렌(HIPS) 일회용 아이스크림 용기, 요구르트 용기로 사용된다(그림 12-7).

폴리아미드 일명 나일론이라고 하는 폴리아미드(PA)는 질기고 인장강도가 크며 내마모성이 좋고 내핀홀성이 우수하여 밴드, 끈, 필름 등에 사용된다. 가스차단성이 좋고 -60℃의 낮은 온도에서도 유연성을 보이며 160℃ 정도의 고온에도 잘 견디므로 스팀살균도 가

| 발포성 폴리스티렌 | 내충격성 폴리스티렌 | 이축연신 폴리스티렌 | 폴리에스터 |

그림 12-7 플라스틱 포장용기와 포장재

능하다. 육가공품의 진공포장, 냉동식품의 포장, 보일인백(boil-in-bag) 포장, 장류 포장에 널리 이용된다.

에틸렌비닐알코올 에틸렌비닐알코올(EVOH)은 에틸렌과 비닐알코올의 공중합체로 에틸렌이 27~48% 정도 함유되어 있으며 에틸렌이 증가하면 산소투과도는 높아지고 수분투과도는 낮아진다. 투명성, 광택성, 가스차단성, 보향성, 내유성, 내약품성이 매우 우수하고, 인쇄적성, 열접착성도 좋으나 습기에 약하기 때문에 폴리에틸렌이나 폴리프로필렌과 같이 라미네이션하여 습기차단성을 높여 식품포장용으로 사용하고 있다. 주로 바비큐소스, 케첩과 같은 고온충전 용기로 사용하거나 폴리프로필렌 또는 폴리스티렌과 공압출하여 컵이나 용기로 이용한다.

폴리에스터 폴리에스터(PET)는 가소제를 배합하지 않아 위생적으로 안전하다. 투명하고 차단성이 우수한 PET병은 1977년 미국에서 콜라 용기로 사용하기 시작하였으며 유리병에 비해 가볍고 질기며 깨지지 않고 폭발 위험성이 없어 이용이 급증하였다(그림 12-7). 이축연신 PET는 매우 질기고 광택이 있으며 기체 및 수증기 차단성, 인쇄성, 내열성, 내한성이 좋다. 특히 용융점이 높아 보일인백, 레토르트파우치 등에 사용된다.

(2) 플라스틱 라미네이션 필름

한 종류의 플라스틱 필름은 포장재로서 필요한 모든 특성을 가지고 있지 않으므로, 주로 필요한 특성을 가지고 있는 다른 플라스틱 필름을 여러 층으로 라미네이션한 라미네이션 필름을 사용한다. 라미네이션 방법에는 접착 라미네이션, 압출 라미네이션이 있다.

(3) 증착

증착은 진공 하에서 플라스틱 필름에 얇은 금속 피막을 형성시키는 것으로 외관이 아름답고 빛과 가스투과도가 낮으며 보향성이 좋고 정전기 발생이 적으며 기계적 강도가 크다. 식품포장재로는 PE, PP, PET, OPP, CPP 등에 알루미늄을 증착한 필름을 사용하며 커피, 스낵, 라면과 같은 식품 포장에 많이 이용된다(그림 12-8).

그림 12-8 증착필름 포장식품

3. 새로운 포장재

기존의 포장재에 신선도 유지, 선택 투과성, 항균성 등과 같은 새로운 기능을 부여하거나, 고차단성과 같이 기존의 특정 기능을 강화한 기능성 포장재가 개발, 이용되고 있다. 탄산칼슘, 제올라이트, 세라믹스를 첨가한 폴리프로필렌 필름은 에틸렌가스를 흡착하는 성질이 있어 과일, 채소의 신선도 유지에, 폴리염화비닐리덴과 에틸렌과 초산비닐의 공중합물을 차단층으로 하는 복합필름은 차단성이 우수하여 생선과 고기의 선도 유지에 사용된다. 스모커블케이싱은 고온으로 가열할 때 소시지 표면에 훈연 성분이 침투하고 상온에서는 차단성이 매우 높아져 식육가공품의 신선도를 오랫동안 유지할 수 있어 식육가공품의 포장에 이용된다. 또한 환경 문제를 고려한 생분해성 플라스틱이 연구되고 있다.

> **생분해성 플라스틱이란?**
>
> 토양 중의 미생물에 의해 분해되는 플라스틱이다. 열가소성 전분, 셀룰로스, 키토산 등을 사용한 천연 고분자계 포장재와 지방족 폴리에스터, 폴리글리콜리드, 폴리초산 등을 이용한 생분해 가능한 천연 또는 합성 고분자나 미생물이 생산하는 바이오 플라스틱을 이용하고 있다.

4. 포장방법

1) 진공포장

진공포장이란 식품 산화를 방지하고자 식품 제조과정에서 포장 내부의 압력을 감소시켜 진공상태로 만들어 밀봉하는 방법이다. 진공 포장방법에는 기계적 압착 탈기법(카운터 프레셔법), 노즐식 탈기법, 스팀플래쉬법, 스킨팩 포장, 챔버식 탈기법이 있다. 대부분의 진공 포장에 이용되는 챔버식 탈기법은 챔버 내부를 감압, 탈기하여 밀봉하는 방법이다.

2) 가스충전 포장

가스충전 포장은 포장 내부의 공기를 질소, 탄산가스, 혼합가스(질소와 탄산가스의 혼합) 등과 같은 불활성 가스로 치환하여 밀봉함으로써 식품 성분의 산화를 억제하여 저장 기간을 연장하는 방법이다. 질소가스충전 포장에서는 산소혼입률이 5% 이상이면 산화방지 효과가 없으므로 고순도 질소가스를 사용해야 한다. 탄산가스충전 포장에서는 10% 탄산가스가 존재하면 곰팡이와 식품 표면 세균의 생육이 억제되고, 40~50%가 존재하면 곰팡이가 증식힐 수 없어 곰팡이 생육억제에 우수한 효과를 보인다.

3) 레토르트 살균 포장

레토르트 살균 포장이란 고압 살균솥인 레토르트에서의 고압 살균에 견딜 수 있는 플라스틱 복합필름으로 만든 파우치나 성형용기에 식품을 넣어 밀봉한 후 멸균한 것이다. 레토르트 파우치 내부에 남아있는 공기의 탈기는 슈노켈 방법, 진공포장 방법, 카운터프레서 방법, 스팀플래쉬 방법 등을 사용한다. 진공포장 방법은 향신료를 사용한 햄버거의 포장, 카운터프레서 방법은 카레, 스튜와 같이 고형분과 액상의 혼합식품의 포장에 사용된다.

4) 무균포장

무균포장은 식품과 포장재를 따로 살균한 다음 무균 상태에서 충진, 밀봉시키는 포장방법이다. 주로 바나나, 유제품과 같이 레토르트 살균을 할 수 없는 열에 약한 식품에 이용되어 왔으나, 현재는 햄, 베이컨 등 다양한 식품에 사용되고 있다. 무균포장 식품은 상온에서 장기간 보존할 수 있고, 식품의 영양소 및 색깔·향미·텍

즉석밥이란?

즉석밥은 압력솥 원리로 지은 밥을 고온의 증기로 순간 가압 살균한 후 산소와 수분을 차단하는 다층구조 용기와 필름을 사용하여 무균포장시스템을 이용하여 포장한 것으로 상온에서 6개월간 보관할 수 있다.

스쳐 변화를 최소화할 수 있으며, 용기의 크기에 관계없이 일정한 품질의 식품을 얻을 수 있다.

5) 탈산소제 및 흡습제 봉입포장

소포장한 탈산소제를 식품과 함께 포장하여 포장 내부와 식품 중에 존재하는 산소를 탈산소제가 흡수, 제거하고 진공상태로 만들어 미생물의 증식과 식품 성분의 산화를 막아 저장기간을 연장시키는 방법이다. 탈산소제에는 철계, 당류계, 아스코르빈산계, 활성탄 등이 있는데 대부분의 탈산소제는 철계에 속한다. 한편 소포장지에 담긴 흡습제(염화칼슘, 실리카겔)를 식품과 함께 방습성 있는 플라스틱 용기에 담고 밀봉하면 김, 녹차, 과자, 분말식품의 흡습을 막아 장기간 보존 및 유통이 가능하다.

6) 방습 및 방수 포장

방습포장은 습기나 수증기 차단을 위해 투습도가 낮은 PVDC, 에틸렌과 초산비닐의 공중화합물 등이 주로 이용된다. 방수포장은 액체 상태의 수분이 포장재를 통해서 들어가고 나가는 것을 막아주기 위해 사용되며, 종이나 골판지에 파라핀이나 왁스를 입힌 것, 플라스틱필름 등을 이용한다.

참고문헌

강근옥, 구경형, 이형재, 김우정, 효소 및 염의 첨가와 순간 열처리가 김치발효에 미치는 영향, 한국
　　식품과학회지, 23, 183, 1991.

강창기, 식육생산과 가공의 과학, 선진문화사, 1992.

구난숙, 권순자, 이경애, 이선영, 세계 속의 음식문화, 교문사, 2001.

권훈정, 김정원, 유화춘, 식품위생학, 교문사, 2003.

김기숙, 김미정, 안숙자, 이숙영, 한경선, 식품과 음식문화, 교문사, 1999.

김기숙, 한경선, 교양인을 위한 음식과 식생활문화, 대한교과서, 1998.

김덕웅, 김두진, 김명숙, 배국웅, 윤교희, 이재우, 최부돌, 박성수, 식품가공저장학, 광문각, 2003.

김덕웅, 김두진, 김명숙, 배국웅, 윤교희, 이재우, 최부돌, 식품가공저장학, 광문각, 2001.

김두진, 김영휘, 배태진, 최형택, 현재석, 홍종만, 식품가공저장학, 지구문화사, 2001.

김두진, 김영휘, 최형택, 홍종만, 식품가공저장학, 지구문화사, 1993.

김병묵, 식품저장학, 진로연구사, 1999.

김병철 외, 근육식품의 과학, 선진문화사, 1998.

김상순, 최홍식, 변광의, 식품가공저장학, 수학사, 1997.

김상순, 최홍식, 변광의, 식품가공저장학, 수학사, 1998.

김영교, 김영주, 김현욱, 성삼경, 송계원, 이우방, 축산식품학, 선진문화사. 1996.

김완수, 신말식, 이경애, 김미정, 조리과학 및 원리, 라이프사이언스, 2004.

김은실, 김병기, 정철원, 식품가공학, 문지사, 2000.

김재욱, 식품가공학, 문운당, 1993.

김재욱, 안승요, 이계호, 식품저장 및 가공, 한국방송통신대학교, 1994.

김재욱, 이택수, 김관유, 금종화, 식품가공저장학, 광문각, 1998

김재욱, 이택수, 김관유, 금종화, 식품가공저장학, 광문사, 2003

김재욱, 조성환, 지의상, 차원섭, 농산식품가공학, 문운당, 2001.

김정목, 정동옥, 장형수, 장기, 식품가공저장학, 신광문화사, 2003.

김종규, 강대호, 한국재래식 간장의 맛 성분에 관한 연구, 한국영양식량학회지, 7, 21-28, 1978.

김청, 박근실, 식품포장의 기초와 응용, 도서출판(주)포장산업, 2003.

김형열, 오문헌, 이경혜, 이수한, 장학길, 식품가공기술학, 효일, 2003.

문수재, 손경희, 식품학 및 조리원리, 수학사, 1986.

박무현, 이동선, 이광호, 식품포장학, 형설출판사, 2003.

박원종, 오경철, 정문용, 조남지, 주현규, 식용유지학, 유림문화사, 1999.

박헌국, 안장우, 윤재영, 조효현, 주난영, 식품가공저장학, 진로, 2002.

배만종, 윤상홍, 최청, 개량메주의 숙성과정 중 protein및 amino acid변화에 관한 연구, 한국식품
과학회지, 15, 370, 1983.

찾아보기

저자 소개

이경애

일본 동경대학교 농학박사

순천향대학교 식품영양학과 교수

김미정

서울대학교 대학원 이학박사

동국대학교 가정교육학과 겸임교수

윤혜현

미국 일리노이 주립대학교 PhD

경희대학교 조리·서비스경영학과 교수

황자영

서울대학교 대학원 이학박사

동남보건대학교 식품영양학과 교수

쉽게 풀어 쓴 **식품가공저장학**

2015년 9월 1일 초판 발행 │ 2017년 8월 14일 2쇄 발행 │ 2021년 7월 16일 4쇄 발행

지은이 이경애·김미정·윤혜현·황자영 │ **펴낸이** 류원식 │ **펴낸곳 교문사**

편집팀장 김경수 │ **책임진행** 모은영 │ **디자인** 김재은 │ **본문편집** 북큐브

주소 (10881)경기도 파주시 문발로 116 │ **전화** 031-955-6111 │ **팩스** 031-955-0955
홈페이지 www.gyomoon.com │ **E-mail** genie@gyomoon.com
등록 1960. 10. 28. 제406-2006-000035호
ISBN 978-89-363-1521-4 (93590) │ 값 20,000원